MySQL数据库
技术实践教程

主编 蒋和松 马 娟 张 娟

重庆大学出版社

内容提要

本书是为了让学习者更好地学习"数据库技术"课程而编写的。每章学习内容分为3个部分:第一部分是内容概要,主要为学习者指明学习重点,归纳知识点;第二部分是编程实验,采用由浅入深、循序渐进、逐步引导的方式让学习者掌握本章程序的编写;第三部分是课后习题,帮助学习者加深对本章知识点的理解。书中附录配有每个实验的实验步骤代码和分析与讨论答案,习题参考答案位于封底二维码,可以通过扫码获得,以满足不同层次学习者的需要。

本书既可作为高等院校"数据库技术"相关课程的教学参考书,也可作为工程技术人员的自学用书。

图书在版编目(CIP)数据

MySQL 数据库技术实践教程 / 蒋和松, 马娟, 张娟主编. -- 重庆 : 重庆大学出版社, 2025.8. -- (计算机科学与技术专业本科系列教材). -- ISBN 978-7-5689 -5412-9

Ⅰ. TP311.132.3

中国国家版本馆 CIP 数据核字第 202518XU46 号

MySQL 数据库技术实践教程
MySQL SHUJUKU JISHU SHIJIAN JIAOCHENG
主编 蒋和松 马 娟 张 娟
策划编辑:范 琪

责任编辑:付 勇 版式设计:范 琪
责任校对:谢 芳 责任印制:张 策

*

重庆大学出版社出版发行
社址:重庆市沙坪坝区大学城西路 21 号
邮编:401331
电话:(023)88617190 88617185(中小学)
传真:(023)88617186 88617166
网址:http://www.cqup.com.cn
邮箱:fxk@cqup.com.cn(营销中心)
全国新华书店经销
重庆亘鑫印务有限公司印刷

*

开本:787mm×1092mm 1/16 印张:10.75 字数:230 千
2025 年 8 月第 1 版 2025 年 8 月第 1 次印刷
ISBN 978-7-5689-5412-9 定价:39.00 元

前　言

　　本书是"数据库技术"相关课程的配套教材,是为了让学习者更好地学习"数据库技术"课程而编写的,其章节内容与主教材《数据库技术》相对应。本书针对数据库技术的学习过程,采用了由浅入深、由易到难的方式逐渐展开。

　　本书根据数据库技术教学的要求与特点,每章先对学习内容的知识点、重点、难点及要求做一概述说明,再将学习内容分为3个部分:第一部分是内容概要,主要为学习者指明学习重点,归纳知识点;第二部分是编程实验,由"实验目的""实验任务""实验步骤""分析与讨论"4个部分组成,逐步引导读者掌握本章程序编写;第三部分是课后习题,帮助读者加深对本章知识点的理解。

　　本书将理论知识与实践操作紧密结合,通过一系列涵盖多种应用场景的实例直观地展示了数据库技术在不同领域中的具体应用,将大篇幅的理论知识融入实践编程并分布在各个实例中,在激发读者学习兴趣的同时培养复杂问题的解决技能;配有每个实验习题和测试题的参考答案,以适合不同层次读者的需要。

　　本书精心选编了一些选择题和主观分析题作为习题,对MySQL的基本操作语句和基本应用给出了实际应用中常见问题的解决方案和解决模式,也加入了笔者多年在"数据库技术"课程教学方面的经验和技巧总结。其中,部分习题选自网络笔试和面试题目,以便让读者了解该类基础问题在职场面试与笔试中的应用角度与范围。

　　本书适用于数据库初学者。为了提高读者的学习效率,增强学习效果,笔者建议学习每章内容时,先预习内容概要,再独立完成实验任务;若实在难以完成实例编写,可参照附录1中实验步骤的代码,思考实例实现的思路,然后再独立编写,这样会获得更好的学习效果。

本书由蒋和松、马娟、张娟、胡荣春编写。在写作过程中,作者们参考分析了较多的网络代码和面试材料,通过对比分析编写了一些习题,在此对网络数据库工作者的辛勤工作表示感谢。

由于编者水平有限,疏漏之处在所难免,恳请各位专家及广大读者批评指正。

编 者

2025 年 3 月

目 录

第1章

数据库的设计

知识导览

[知识点]

　概念数据模型 CDM

　逻辑数据模型 LDM

　物理数据模型 PDM

[重　点]

　E-R 图向关系模型转换

[难　点]

　概念结构设计

专业知识

1.1 内容概要

（1）概念数据模型

概念数据模型（Conceptual Data Model，CDM）是一种高级抽象级别的数据模型，是面向数据库用户从现实世界的角度出发，对客观事物及其相互关系的一种逻辑抽象描述，而非具体的计算机实现细节。概念数据模型的核心是捕捉和表达业务需求以及数据需求，着重于数据的语义和逻辑结构，集中精力分析数据以及数据之间的联系等。

在概念数据模型设计中，实体-联系模型（Entity-Relationship Model，E-R 模型）是最典型的表示方法之一。E-R 模型包含以下三个要素：

①实体（Entity），实体代表现实世界中的一个对象或概念，可以是具体的实物（如学生、教师），也可以是抽象的概念（如账户、订单）。每个实体在模型中用矩形框表示，并在其内部标注实体名称。

②属性（Attribute），对实体特性的描述，即实体所具有的某种特性或特征，如学生实体可能具有的属性（学号、姓名、年龄和性别）。属性用椭圆形框表示，并通过连线与所属实体相关联。

③关系（Relationship），表示不同实体之间的联系，说明实体间存在怎样的逻辑联系或交互，可以是一对一（1∶1）、一对多（1∶N）或多对多（M∶N）的关系。例如"学生选课"就是一个关系，表示学生实体和课程实体之间的联系，学生和课程之间是多对多的联系。关系可以用菱形框来表示，并通过连线与相关的实体连接，关系也可以有自身的属性。

（2）逻辑数据模型

逻辑数据模型（Logical Data Model，LDM）是数据库设计流程中的中间层，介于概念数据模型与物理数据模型 PDM 之间，独立于任何特定的数据库管理系统（DBMS），主要用于描述系统的逻辑结构而不考虑具体的实现细节。

常用的逻辑数据模型有层次模型、网状模型、关系模型和面向对象模型，逻辑数据模型的三要素为数据结构、数据操作、完整性约束。

①数据结构，描述数据库的组成对象以及对象之间的联系，包括与对象的类型、内容、

性质有关的内容，也包括与数据之间的联系有关的对象。

②数据操作，是数据库中各对象（型）的实例（值）允许执行的操作的集合，包括操作及有关的操作规则。

③完整性约束，是一组完整性规则，包括实体完整性、参照完整性和用户自定义的业务规则等，以确保数据的一致性和有效性。

（3）物理数据模型

物理数据模型（Physical Data Model，PDM）是数据库设计过程中的一个重要阶段，是在逻辑数据模型的基础上进一步细化，为数据库的实际部署提供可操作的蓝图。物理数据模型主要关注如何在数据库管理系统（DBMS）中实际存储和管理数据，涉及的细节包括但不限于数据存储结构、索引设计、数据分区和分布策略、存储选项和性能优化、并发控制和锁定机制、数据库服务器配置和资源分配等。

（4）E-R图向关系模型的转换

E-R图是数据库设计阶段用于描绘现实世界实体间关系的概念数据模型工具，关系模型是一种以二维表的形式组织数据的逻辑数据模型。在设计阶段完成后，需将E-R图转换为关系模型，以便在关系型数据库中实现。E-R图向关系模型的转换主要包括下述步骤和原则。

1）实体转换为关系模式

每个实体类型转换为一个关系模式（表），实体的属性作为关系模式的属性，实体的主码转换为关系模式的主码。

2）一对一联系(1:1)的转换

可以在任意一方实体转换的关系模式中增加另一方实体的主键作为外码，也可以将两个实体对应的关系模式合并为新的关系模式，新关系模式的主码可以是任何一个实体的主码。

3）一对多联系(1:N)的转换

在"多"方实体的关系模式中加入"一"方实体的主码，并作为"多"方关系模式的外码。

4）多对多联系(M:N)的转换

需创建一个新的关系模式来表示多对多的联系，该模式的属性至少包含原来两个实体的主码及联系的属性，这两个主码联合起来构成新关系模式的复合主码。

5）联系属性的处理

如果联系本身拥有额外的属性，这些属性就会被纳入转换后的关系模式中。转换后的关系模式中存在具有相同码的情况，可以考虑将它们合并，以减少关系的数量，提高数据库的性能。在整个转换过程中，需要注意保持数据的一致性、消除冗余和保证数据完整性。同时，还需处理可能出现的属性冲突、命名冲突以及结构冲突，确保转换后的关系模型能够准确无误地反映原E-R图中的信息结构和业务规则。

1.2 编程实验

（1）实验目的

①了解数据库的基本概念、基本知识和理论。

②熟悉应用系统开发的需求分析方法，具备关系数据库分析能力。

③掌握使用E-R图进行数据库的概念结构设计的方法。

④掌握使用关系模型进行数据库的逻辑结构设计的方法。

（2）实验任务

任务1：需求分析，明确学生综合管理系统的功能需求，包括用户信息管理、课程管理、课外活动管理等。

任务2：用E-R图进行概念结构设计，分析该系统数据库的实体及其属性，给出各个实体的E-R图，分析各个实体之间的联系，并给出学生综合管理系统的E-R图。

任务3：用关系模型进行逻辑结构设计，根据E-R图向关系模型转换的步骤和原则，设计学生综合管理系统的关系模式。

任务4：数据库表的设计，将相关的数据组织成不同的表，确定表的字段，并选取合适的数据类型，给出所有表的详细设计。

（3）实验步骤

步骤1：分析学生综合管理系统的主要功能。

步骤2：分析学生综合管理系统的所有实体及其属性，并画出实体E-R图。

步骤3：分析实体之间的联系，并画出学生信息综合管理系统的E-R图。

步骤4：设计学生信息综合管理系统的关系模式。

步骤5：设计学生信息综合管理系统数据库。

（4）分析与讨论

①主键与外键设计的合理性。

②层级关系设计的合理性。

 **课后习题**

一、选择题

1. 数据库设计的需求分析阶段的主要任务是（　　）。

   A. 建立 E-R 模型

   B. 建立概念模型

   C. 建立逻辑模型

   D. 准确了解用户和具体应用对数据库系统的要求

2. 在数据库设计中，将 E-R 图转换为关系模型的过程属于（　　）。

   A. 需求分析阶段　　　　　　　　B. 概念设计阶段

   C. 逻辑设计阶段　　　　　　　　D. 物理设计阶段

3. 以下关于数据库设计的说法中，错误的是（　　）。

   A. 数据库设计包括结构设计和行为设计两方面的内容

   B. 数据库结构设计是指数据库模式或子模式的设计

   C. 数据库行为设计是指应用程序的设计

   D. 数据库设计的根本目标是解决数据共享问题

4. 在关系数据库设计中，设计关系模式是（　　）的任务。

   A. 需求分析阶段　　　　　　　　B. 概念设计阶段

   C. 逻辑设计阶段　　　　　　　　D. 物理设计阶段

5. 以下哪种范式是关系数据库设计中通常需要达到的最低范式要求（　　）。

   A. 第一范式（1NF）　　　　　　　B. 第二范式（2NF）

   C. 第三范式（3NF）　　　　　　　D. BC 范式（BCNF）

6. 在概念数据模型中，以下哪一项不是 E-R 模型的要素？（　　）

   A. 实体　　　　　　　　　　　　B. 属性

   C. 索引　　　　　　　　　　　　D. 关系

7. 逻辑数据模型的三要素包括（　　）。

   A. 实体、属性、关系

   B. 数据结构、数据操作、完整性约束

   C. 表、视图、存储过程

   D. 主键、外键、触发器

8. 将多对多联系转换为关系模型时，通常需要（　　）。

   A. 在任意一方表中添加外键

B. 创建一个新的关系模式,包含双方主键

C. 直接合并两个实体表

D. 删除其中一个实体

9.物理数据模型的主要关注点是（　　　）。

　　A. 业务需求和数据语义

　　B. 数据库存储结构和性能优化

　　C. 实体间的逻辑联系

　　D. 用户自定义的完整性规则

10.在E-R图中，属性通常用（　　　）表示。

　　A. 矩形　　　　　　B. 菱形　　　　　　C. 椭圆形　　　　　　D. 三角形

二、判断题

1.概念数据模型（CDM）与具体的数据库管理系统有关。　　　　　　　　　　（　　　）

2.在E-R模型中，关系只能是一对一或一对多，不能有多对多关系。　　　　（　　　）

3.逻辑数据模型独立于任何特定的数据库管理系统。　　　　　　　　　　　（　　　）

4.物理数据模型主要描述系统的逻辑结构。　　　　　　　　　　　　　　　（　　　）

5.在E-R图向关系模型转换时，联系本身的属性不需要处理。　　　　　　　（　　　）

三、填空题

1.在概念数据模型中，实体间的联系类型包括_____、_____和_____。

2.逻辑数据模型中，_____包括实体完整性、参照完整性和用户自定义规则。

3.将E-R图中的实体转换为关系模型时，实体的_____会作为关系模式的主键。

4.多对多联系转换为关系模型时，新表的主键是_____。

5.物理数据模型中，索引设计的主要目的是_____。

四、问答题

1.简述概念数据模型与逻辑数据模型的主要区别。

2.E-R图中多对多联系转换为关系模型的具体步骤是什么？

3.物理数据模型设计时需要考虑哪些关键因素？

五、综合设计题

设计一个图书馆管理系统的 E-R 图，并将其转换为关系模型。

第2章

MySQL 的运行环境及方法

知识导览

[知识点]

　　MySQL 的编程环境

　　MySQL 的调试方法

[重　点]

　　MySQL 的调试方法

2.1　内容概要

（1）phpStudy 开发环境

phpStudy 是一个 PHP 调试环境的程序集成包。该程序包集成最新的 Apache+PHP+MySQL+phpMyAdmin+ZendOptimizer，一次性安装，无须配置即可使用。该程序不仅包括 PHP 调试环境，还包括开发工具、开发手册等。同时可以通过其官网下载最新版本。

安装完成后，双击进入首界面，如图 2-1 所示。在使用数据库前，需要启动 MySQL。

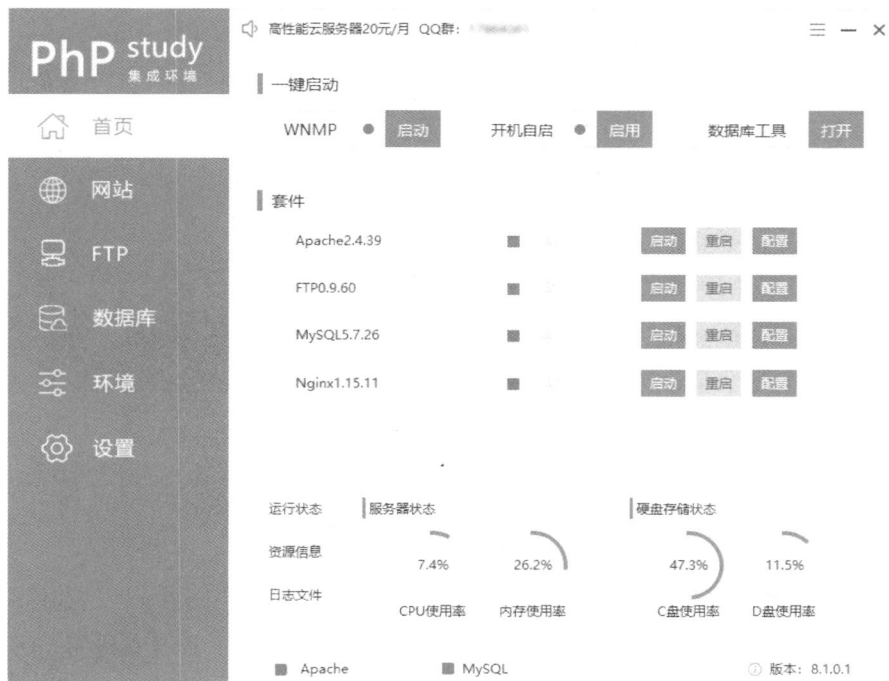

图 2-1　phpStudy 首页及启动 MySQL

通过选择"开始"菜单→"运行"选项，在弹出的文本框中输入命令"cmd"，通过 cd 命令进入 php 本地安装目录的 bin 子目录。运行命令如下：

```
mysql -u username -p
```

其中参数"-u"表示数据库的登录用户名，username 需要用实际的用户名来替换，参数"-p"表示该登录用户的密码。

在"Enter password:"提示后，输入数据库密码，进入 MySQL 命令行主界面，出现"mysql>"提示符，即表示完成了 MySQL 的登录，如图 2-2 所示。

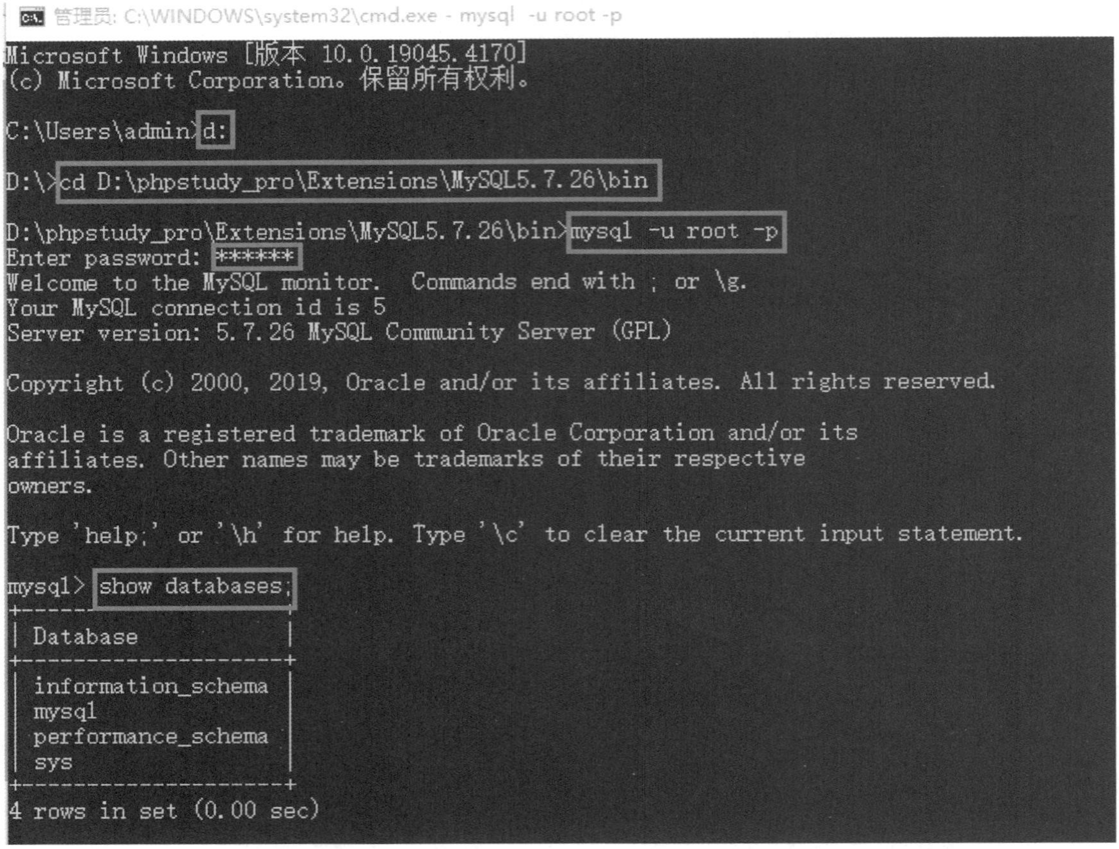

图 2-2　登录 MySQL 服务器

在登录 MySQL 服务器后，可以在"mysql>"提示符后面输入 SQL 命令，执行相应的数据库操作。

（2）MySQL 的图形化管理工具

除了使用 MySQL 默认的命令行工具，还可以采用图形化的工具来管理 MySQL 数据库，以可视化界面的方式进行数据库的各种操作，更直观方便。

Navicat 是一套可创建多个连接的数据库管理工具，用以方便管理 MySQL、Redis、Oracle、PostgreSQL、SQLite、SQL Server、MariaDB 和 MongoDB 等不同类型的数据库，可以在其官网下载该软件，如图 2-3 所示。

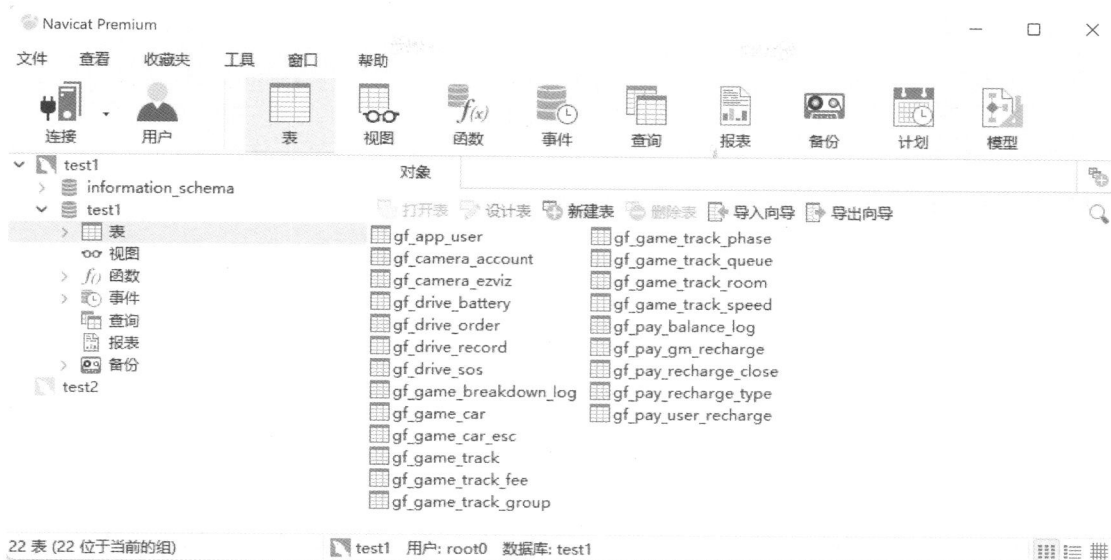

图 2-3 Navicat 软件界面

（3）数据库的基本操作

1）查看数据库

登录 MySQL 服务器后，需要查看当前服务器上所有的数据库，可以使用以下命令：

```
SHOW DATABASES;
```

执行该命令后，MySQL 会列出所有有权限访问的数据库，如图 2-4 所示。

图 2-4 查看数据库

2）创建数据库

拥有适当的权限时，可以使用 CREATE DATABASE 语句来创建一个新的数据库，语句的一般格式如下：

①查看创建数据库语句。

```
SHOW CREATE DATABASE database_name;
```

②直接创建数据库语句。

```
CREATE DATABASE IF NOT EXISTS example_db;
```

其中"IF NOT EXISTS"为可选项，它是用来确保只有在数据库不存在时才创建它，避免错误。

3）选择数据库

创建数据库后，需要选择某数据库，以便于在其中创建表和其他数据库对象，使用 USE 语句来选择数据库，一般格式如下：

```
USE example_db;
```

4）查看数据库状态信息

需要监控 MySQL 服务器性能或进行故障排查，可以使用 STATUS 命令获取关于当前数据库连接的一些基本信息，使用 SHOW STATUS 命令查询服务器的状态变量，一般格式如下：

```
STATUS;
SHOW STATUS;
```

2.2 编程实验

（1）实验目的

①掌握 MySQL 数据库基本运行环境的搭建与连接方法。
②熟悉数据库与表的创建、查看、修改等基础操作。
③理解 SQL 语句的语法规则及实际应用场景。
④培养学生通过命令行或客户端工具操作数据库的能力。

（2）实验任务

任务1：MySQL 的安装、启动、连接与退出方法。
任务2：使用 SQL 语句完成现有数据库的查看。
任务3：使用 SQL 语句完成创建学生综合管理系统数据库并选择该数据库。
任务4：使用 SQL 语句查看数据库状态信息。

（3）实验步骤

步骤 1：启动 MySQL 环境的安装。

步骤 2：启动 MySQL 服务并登录：

①启动 MySQL 服务。

②登录 MySQL 客户端。

步骤 3：数据库操作。

①查看所有数据库。

②创建新数据库。

③选择数据库。

④查看数据库状态信息。

步骤 4：退出 MySQL 客户端。

（4）分析与讨论

phpStudy 开发环境与 MySQL 环境的区别与联系。

课后习题

一、选择题

1. MySQL 的默认端口号是（　　　）。

　A. 3306　　　　　　　B. 8080　　　　　　C. 5432　　　　　　　D. 1433

2.（　　　）是 MySQL 的配置文件。

　A. my.cnf　　　　　　　　　　　B. config.ini

　C. mysql.conf　　　　　　　　　D. database.xml

3. 在 Windows 系统中，MySQL 服务的名称是（　　　）。

　A. mysql-server　　　　　　　　B. MySQL

　C. MariaDB　　　　　　　　　　D. MySQL57

4.（　　　）命令用于启动 MySQL 服务。

　A. net start mysql　　　　　　　B. service mysql start

　C. systemctl start mysql　　　　D. mysql -u root -p

5. MySQL 的超级管理员用户是（　　　）。

　A. admin　　　　　　　　　　　B. root

　C. superuser　　　　　　　　　　D. sa

6.（　　）存储引擎支持事务。

　　A. MyISAM　　　　　　　　　　　　B. InnoDB

　　C. MEMORY　　　　　　　　　　　　D. CSV

7.（　　）命令可用于修改 MySQL 用户密码。

　　A. ALTER USER 'root'@'localhost' IDENTIFIED BY 'newpass';

　　B. UPDATE user SET password='newpass' WHERE user='root';

　　C. SET PASSWORD FOR 'root'@'localhost' = 'newpass';

　　D. 以上都正确

8.（　　）命令可用于备份数据库。

　　A. mysqldump −u root −p dbname > backup.sql

　　B. mysql −u root −p dbname < backup.sql

　　C. cp −r /var/lib/mysql/dbname /backup/

　　D. tar czvf backup.tar.gz /var/lib/mysql/

9.（　　）命令可用于授予用户远程访问权限。

　　A. GRANT ALL PRIVILEGES ON *.* TO 'user'@'%' IDENTIFIED BY 'pass';

　　B. GRANT SELECT ON db.* TO 'user'@'localhost';

　　C. REVOKE ALL PRIVILEGES FROM 'user'@'%';

　　D. SET GLOBAL allow_remote_access = ON;

10.MySQL 8.0 中，默认的身份验证插件是（　　　）。

　　A. mysql_native_password

　　B. caching_sha2_password

　　C. auth_socket

　　D. sha256_password

二、判断题

1.MySQL 的表名在 Linux 系统中是大小写敏感的。　　　　　　　　　　　　（　　）

2.可以通过修改 my.cnf 中的 bind−address 参数允许远程连接。　　　　　　（　　）

3.使用 root 用户可以直接访问所有数据库，无须授权。　　　　　　　　　　（　　）

4.MySQL 服务必须以管理员权限运行。　　　　　　　　　　　　　　　　　（　　）

5.SHOW DATABASES; 命令用于查看当前数据库中的所有表。　　　　　　　（　　）

三、填空题

1.MySQL 的配置文件路径在 Linux 中通常为 /etc/_____。

2.启动 MySQL 服务的命令在 Ubuntu 中是 sudo systemctl _____ mysql。

3.创建用户并授予权限的 SQL 语句是 GRANT _____ ON database.* TO 'user'@'local-host';。

4.用于查看 MySQL 版本的命令是 SELECT VERSION(); 或 _____ −−version。

5.备份单个表的命令是 mysqldump −u root −p database _____ > table.sql。

四、问答题

1.如何设置 MySQL 允许远程连接？

2.简述 MySQL 的备份与恢复流程。

第3章

数据库和表的基础操作

知识导览

[知识点]

数据表的创建、查看、选择和删除

完整性约束的添加和删除

[重　点]

完整性约束的作用

[难　点]

使用 ALTER TABLE 语句添加、修改或删除完整性约束,如添加主键约束、外键约束、唯一约束等。

专业知识

3.1　内容概要

数据表的基本操作主要包括创建数据表、查看数据表、修改数据表和删除数据表。

（1）创建数据表

创建数据表的基本语法是：

```
CREATE TABLE 表名 (
    列名 1 数据类型 [列级约束条件],
    列名 2 数据类型 [列级约束条件],
    ...
    列名 N 数据类型 [列级约束条件],
    [表级约束条件]
);
```

（2）查看数据表结构

```
DESCRIBE 表名 或者 desc 表名;
```

（3）修改字段名

```
ALTER TABLE 表名 change 原字段 新字段 新类型;
```

（4）修改字段类型

```
ALTER TABLE 表名 字段名 字段类型;
```

（5）添加字段

```
ALTER TABLE 表名 add 新字段名 新字段类型;
```

（6）删除字段

```
ALTER TABLE 表名 DROP 字段名;
```

（7）修改字段的排列位置

①将一个字段放在第一个位置：

```
ALTER TABLE 表名 modify 字段 1 数据类型 first;
```

②将字段 1 放在字段 2 后面；

```
ALTER TABLE 表名 modify 字段 1 字段类型 after 字段 2
```

（8）复制表结构

```
CREATE TABLE 新表 as SELECT * FROM 旧表 WHERE 1<>1;
```

（9）删除表

```
DROP TABLE 表名
```

3.2　编程实验

（1）实验目的

①掌握 MySQL 中数据表的创建、查看、修改和删除操作。

②熟悉表结构的定义，包括字段名、数据类型、约束条件（如主键、非空约束等）。

③理解字段操作的语法差异（如修改字段名与修改字段类型）。

④通过实践掌握表结构的复制、字段顺序调整等高级操作，提升数据表管理能力。

（2）实验任务

任务 1：在学生综合管理系统数据库中创建数据表。根据需求定义表结构，包含列名、数据类型。

任务 2：查看表结构：使用 DESC 或 DESCRIBE 验证表设计是否符合预期。

任务 3：修改表结构：

修改字段名、字段类型。

添加/删除字段。

调整字段顺序（置顶或指定位置）。

复制表结构：通过 CREATE TABLE ... AS SELECT 复制空表结构。

删除表：正确使用 DROP TABLE 删除无用表。

（3）实验步骤

步骤 1：创建数据表。

学生 student 表的详细设计见表 3-1。

表3-1　学生 student 表

字段	数据类型	字段名称
id	INT	学号
name	VARCHAR(50)	姓名
age	INT	年龄
gender	ENUM('M', 'F')	性别
admission_date	DATE	入学日期

步骤2：查看表结构。

验证表结构是否正确。

步骤3：修改表结构。

①修改字段名（将 gender 改为 sex）。

②修改字段类型（将 age 类型从 INT 改为 TINYINT）。

③添加字段（新增 score 列）。

④删除字段（删除 admission_date）。

⑤调整字段顺序：

将 sex 字段置顶；

将 age 字段移到 name 之后。

步骤4：复制表结构。

复制 student 表结构到 student_backup（不复制数据）。

步骤5：删除表。

删除测试表 student_backup。

（4）分析与讨论

①CHANGE 与 MODIFY 的区别。

②表结构复制限制：CREATE TABLE ... AS SELECT。

③字段顺序调整的意义。

课后习题

一、选择题

1. 在 SQL 中，用于创建数据库的语句是（　　　）。

    A. CREATE TABLE

    B. CREATE DATABASE

    C. ALTER DATABASE

    D. DROP DATABASE

2. 要在已有的表中添加新列，应该使用的 SQL 语句是（　　　）。

    A. CREATE

    B. INSERT

    C. ALTER TABLE

    D. UPDATE

3. 在 SQL 中，删除表的语句是（　　　）。

    A. DELETE TABLE

    B. DROP TABLE

    C. REMOVE TABLE

    D. CLEAR TABLE

4. 在 SQL 中，用于修改表结构的语句是（　　　）。

    A. CREATE TABLE

    B. ALTER TABLE

    C. UPDATE TABLE

    D. DELETE TABLE

5. 若要在 SQL 中查看表的结构，在 MySQL 里可以使用（　　　）语句。

    A. DESCRIBE table_name

    B. SHOW TABLES

    C. SHOW COLUMNS FROM table_name

    D. A 和 C 都可以

6. 以下哪个 SQL 语句用于修改字段名？（　　　）

    A. ALTER TABLE ... MODIFY

    B. ALTER TABLE ... CHANGE

    C. ALTER TABLE ... RENAME

D. ALTER TABLE ... UPDATE

7.创建表时，主键约束应该写在什么位置？（　　　）

　　A. 列级约束条件

　　B. 表级约束条件

　　C. 两者均可

　　D. 只能用 PRIMARY KEY 关键字

8.以下哪个语句可以复制表结构（不复制数据)？（　　　）

　　A. CREATE TABLE 新表 LIKE 旧表

　　B. CREATE TABLE 新表 AS SELECT * FROM 旧表

　　C. CREATE TABLE 新表 AS SELECT * FROM 旧表 WHERE 1=1

　　D. CREATE TABLE 新表 AS SELECT * FROM 旧表 WHERE 1<>1

9.将字段 age 的类型从 INT 改为 TINYINT，正确的语法是:（　　　）

　　A. ALTER TABLE student CHANGE age TINYINT

　　B. ALTER TABLE student MODIFY age TINYINT

　　C. ALTER TABLE student ALTER age TINYINT

　　D. ALTER TABLE student UPDATE age TINYINT

10.删除字段 score 的语句是（　　　）。

　　A. ALTER TABLE student DELETE score

　　B. ALTER TABLE student DROP score

　　C. ALTER TABLE student REMOVE score

　　D. ALTER TABLE student ERASE score

二、判断题

1.一个表只能有一个主键。　　　　　　　　　　　　　　　　　　（　　　）

2.VARCHAR(10)可以存储 10 个汉字。　　　　　　　　　　　　　（　　　）

3.删除数据库会同时删除其中的所有表。　　　　　　　　　　　　（　　　）

4.索引越多，查询速度一定越快。　　　　　　　　　　　　　　　（　　　）

5.ALTER TABLE 可以修改字段的数据类型。　　　　　　　　　　（　　　）

三、填空题

1.查看表结构的命令是 DESC 或＿＿＿＿＿＿。

2.修改字段排列位置时，若要将字段 name 放在第一个位置，应使用 ALTER TABLE student ＿＿＿＿＿＿ name VARCHAR(50) FIRST。

3.复制表结构时，WHERE 1<>1 的作用是＿＿＿＿＿＿。

4.添加字段 birthday（日期类型）的完整语句是：ALTER TABLE student ＿＿＿＿＿＿ birthday DATE。

5.创建表时，若字段不允许为空，需添加的约束是＿＿＿＿＿＿。

四、问答题

1.解释 CHANGE 和 MODIFY 在修改表结构时的区别。

2.为什么复制表结构时使用 CREATE TABLE ... AS SELECT * FROM 旧表 WHERE 1<>1？直接 CREATE TABLE 新表 AS SELECT * FROM 旧表有什么问题？

3.删除表时，DROP TABLE 和 DELETE FROM 有何区别？

4.若要将字段 gender 的类型从 CHAR(1)改为 ENUM('M','F')，需要注意什么？

五、综合设计题

场景：设计一个 employee 表，包含以下字段。

id（主键，自增）

name（非空，最大长度 50）

department（字符串，非空）

salary（浮点数，保留两位小数）

hire_date（入职日期）

任务：

①写出创建表的SQL语句。

②添加一个新字段email（字符串，允许为空）。

③将department字段名改为dept，类型改为VARCHAR(30)。

④调整字段顺序，使hire_date位于salary之后。

⑤复制表结构到employee_backup。

⑥删除原表employee。

第4章

数据完整性约束

[知识点]

实体完整性

域完整性

参照完整性

常用约束

[重　点]

完整性约束的设计与作用

[难　点]

在设计和应用数据完整性约束时,需要考虑对数据库性能的影响,如何在保证数据完整性的前提下,优化数据库的性能。

专业知识

4.1 内容概要

(1) 数据完整性约束概述

数据完整性约束（Data Integrity Constraints）是数据库管理系统（DBMS）中为了保证数据的准确性、一致性和可靠性而设置的规则，帮助维护数据库中的数据质量，防止无效或不一致等非法数据进入数据库，确保数据符合特定的业务规则和要求。数据的完整性约束总体来说可以分为下述4类。

①实体完整性约束，用于确保表中每一行数据的唯一性，通过主键（Primary Key）来实现。主键是表中的一个或多个列，其值在表中必须是唯一且非空的。

②域完整性约束，规定了表中列的数据类型、取值范围、是否允许为空等。

③参照完整性约束，用于维护表与表之间的关联关系的一致性。通过外键（Foreign Key）来实现，外键是一个表中的列，它引用了另一个表的主键。

④用户定义的完整性约束，是根据具体的业务规则定义的约束条件，它可以是自定义的函数、存储过程或CHECK约束等。

MySQL支持的常用约束有主键约束（Primary Key）、外键约束（Foreign Key）、唯一约束（Unique）、非空约束（NOT NULL）、默认值约束（DEFAULT）、检查约束（Check）和自增约束（Auto Increment）。

(2) 主键约束（Primary Key）

1)单字段主键

在创建表中添加主键有两种情况：在创建表时定义主键和在已有表中添加主键。

①在定义字段的同时指定主键，语法格式如下：

```
字段名 数据类型 PRIMARY KEY ;
```

如：

```
CREATE TABLE student (
id INT(10) PRIMARY KEY ,
sno VARCHAR(20),
sname VARCHAR(100),
sage INT(10),
```

```
    ssex VARCHAR(10),
    sdept VARCHAR(50)
);
```

②在定义完所有字段后指定主键：

PRIMARY KEY(字段名)

如：

```
CREATE TABLE student(
    id INT(10),
    sno VARCHAR(20),
    sname VARCHAR(100),
    sage INT(10),
    ssex VARCHAR(10),
    sdept VARCHAR(50),
    PRIMARY KEY(id)
);
```

2)多字段主键

在创建表的时候添加联合主键：

PRIMARY KEY (字段 1,字段 2,...,字段 n)

如：

```
CREATE TABLE sc(
    sno CHAR(12),
    cno CHAR(12),
    grade FLOAT,
    PRIMARY KEY(sno,cno)
);
```

在已经存在的表中添加主键有两种方式：

第一种：ALTER TABLE 表名 MODIFY 字段名 字段类型 PRIMARY KEY；

第二种：ALTER TABLE 表名 ADD PRIMARY KEY (字段名);

3)删除主键约束

```
ALTER TABLE student DROP  PRIMARY KEY ;
```

(3) 外键约束 (Foreign Key)

1)定义外键约束

在MySQL中，可以通过CREATE TABLE或ALTER TABLE语句添加外键约束。

①在创建表的时候添加外键约束。

```
FOREIGN KEY (字段1) REFERENCES 被引用表名(字段2)
```

如：

```
CREATE TABLE sc(
    sno CHAR(12),
    cno CHAR(12),
    grade FLOAT,
    PRIMARY KEY(sno,cno),
    FOREIGN KEY (sno) REFERENCES student(sno) );
```

②如果表已经存在，可以使用ALTER TABLE语句来添加外键约束。

```
ALTER TABLE 引用表名
ADD CONSTRAINT 约束名
FOREIGN KEY (字段) REFERENCES 被引用表名(parent_key_column);
```

如：

```
ALTER TABLE sc
ADD CONSTRAINT FK_sc
FOREIGN KEY (cno) REFERENCES course(cno);
```

2)删除外键约束

使用ALTER TABLE语句来删除外键约束，需要明确外键约束的名称，如：

```
ALTER TABLE sc
DROP FOREIGN KEY FK_sc;
```

(4) 唯一约束 (Unique)

①在创建表时添加唯一约束，语法格式：

```
字段名 数据类型 UNIQUE
```

如：

```
CREATE TABLE student4 (
    id INT(10) PRIMARY KEY,
```

```
    sno VARCHAR(20) NOT NULL UNIQUE,
    sname VARCHAR(100),
    sage INT(10),
    ssex VARCHAR(10),
    sdept VARCHAR(50)
);
```

②删除唯一约束。

```
ALTER TABLE 表名 DROP index 列名;
```

③在已经存在的表中添加唯一约束。

```
ALTER TABLE 表名 MODIFY 字段名 类型 UNIQUE;
```

(5) 非空约束 (NOT NULL)

①在创建表时添加非空约束, 语法格式:

```
字段名 数据类型 NOT NULL。
```

如: 创建表时添加非空约束

```
CREATE TABLE student3 (
    id INT(10) PRIMARY KEY,
    sno VARCHAR(20) NOT NULL,
    sname VARCHAR(100),
    sage INT(10),
    ssex VARCHAR(10),
    sdept VARCHAR(50)
);
```

②在已有的表中添加非空约束。

```
ALTER TABLE 表名 MODIFY 字段名 字段类型 NOT NULL;
```

③删除非空约束, 即将该字段重新设置为 null。

```
ALTER TABLE 表名 MODIFY 字段名 字段类型 NULL;
```

(6) 检查约束 (Check)

①创建表时添加检查约束。

```
CONSTRAINT constraint_name CHECK (condition)
```

如：

```
CREATE TABLE student(
    student_id INT PRIMARY KEY,
    name VARCHAR(50),
    age INT,
    CONSTRAINT check_age CHECK (age >= 18 AND age <= 25)
);
```

②使用 ALTER TABLE 语句向已存在的表中添加检查约束。

```
ALTER TABLE 表名
ADD CONSTRAINT 约束名 CHECK (约束条件);
```

如：

```
ALTER TABLE student
ADD CONSTRAINT check_age CHECK (age >= 18 AND age <= 25);
```

③删除检查约束。

使用 ALTER TABLE 语句删除检查约束，但检查约束的名称，如：

```
ALTER TABLE students DROP CONSTRAINT check_age;
```

（7）默认约束（DEFAULT）

①在创建表时添加默认约束。

```
CREATE TABLE student5 (
    id INT(10) PRIMARY KEY,
    sno VARCHAR(20) NOT NULL UNIQUE,
    sname VARCHAR(100),
    sage INT(10) DEFAULT 0,
    ssex VARCHAR(10),
    sdept VARCHAR(50)
);
```

②删除默认约束。

```
ALTER TABLE 表名 ALTER 字段 DROP DEFAULT;
```

③在已有的表中添加默认约束。

```
ALTER TABLE 表名 MODIFY 字段 类型 DEFAULT 默认值;
```

(8) 自动增长约束（Auto Increment）

①在创建表时添加自动增长约束。

```
CREATE TABLE student6 (
    id INT(10) PRIMARY KEY  AUTO_INCREMENT,
    sno VARCHAR(20) NOT NULL UNIQUE,
    sname VARCHAR(100),
    sage INT(10) DEFAULT 0,
    ssex VARCHAR(10),
    sdept VARCHAR(50)
);
```

②删除自动增长约束。

字段 id 是主键且具有自增长属性（AUTO_INCREMENT），若需删除自动增长约束时，只需重新修改主键类型就可以去掉 AUTO_INCREMENT 属性。

```
ALTER TABLE 表名 MODIFY 字段 类型;
```

③在已有的表中添加自动增长约束。

```
ALTER TABLE 表名 MODIFY 字段 类型 AUTO_INCREMENT;
```

4.2　编程实验

(1) 实验目的

①掌握数据库表中常见约束的作用及实现方法，包括主键约束、非空约束、唯一约束、默认约束和自动增长约束。

②熟练通过 SQL 语句在创建表或修改表时添加、删除约束。

③理解约束对数据完整性的保障作用，分析不同约束的应用场景及注意事项。

(2) 实验任务

任务 1：创建 students 表，使用主键约束确保 student_id 唯一且非空，实现实体完整性。

任务 2：为 students 表的 name 列添加非空约束，保证学生姓名不能为空。

任务 3：为 students 表的 email 列添加唯一约束，确保每个学生的邮箱地址唯一。

任务4：为students表的age列添加检查约束，限定学生年龄在10到60岁之间。

任务5：为students表的gender列添加默认约束，默认值为"未知"。

任务6：创建courses表，使用自增约束让course_id自动递增。

任务7：创建sc表，使用外键约束关联students表的student_id和courses表的course_id，实现参照完整性。

任务8：检查任务1～7中的完整性约束是否成功。

（3）实验步骤

步骤1：打开MySQL客户端或使用合适的数据库管理工具连接到MySQL数据库，选择学生综合管理数据库；

步骤2：执行任务1～5中的SQL语句创建students表并设置主键约束、非空约束、唯一约束、检查约束和默认约束；

步骤3：执行任务6中的SQL语句创建courses表并设置自动增长约束；

步骤4：执行任务7中的SQL语句创建sc表并设置外键约束；

步骤5：查看students表、courses表以及sc表的表结构，检查上述完整性约束情况。

（4）分析与讨论

①约束的作用与重要性。

②主键发生冲突时，如何解决？

③违反非空约束，该如何解决？

④自增字段如何重置？

课后习题

一、选择题

1.以下哪种约束可以保证表中每一行数据的唯一性？（　　　）

　　A. 外键约束

　　B. 唯一约束

　　C. 主键约束

　　D. CHECK约束

2. 在MySQL中，创建表时，要设置一个列不允许为空，应该使用以下哪种约束？（　　　）

A. PRIMARY KEY

B. NOT NULL

C. UNIQUE

D. CHECK

3.外键约束的作用是（　　　）。

A. 保证表中列值的唯一性

B. 保证表中每一行数据的唯一性

C. 维护表与表之间的关联关系

D. 验证列值是否满足特定条件

4.以下关于CHECK约束的说法，正确的是（　　　）。

A. CHECK约束只能应用于单个列

B. CHECK约束可以保证列值的唯一性

C. CHECK约束用于验证列值是否满足特定的条件

D. CHECK约束不能与其他约束同时使用

5.在MySQL中，创建表时，如果要为一个列设置默认值，应该使用以下哪种关键字？
（　　　）

A. DEFAULT

B. NULL

C. UNIQUE

D. CHECK

6.一个表中可以有几个主键？（　　　）

A. 0个　　　　　　　　　　　　　　　B. 1个

C. 多个　　　　　　　　　　　　　　　D. 任意个

7.在MySQL中，删除一个表的外键约束，应该使用以下哪种语句？（　　　）

A. ALTER TABLE table_name DROP PRIMARY KEY;

B. ALTER TABLE table_name DROP FOREIGN KEY;

C. ALTER TABLE table_name DROP UNIQUE;

D. ALTER TABLE table_name DROP CHECK;

8.当插入数据违反了数据完整性约束时，MySQL会（　　　）。

A. 自动忽略错误并插入数据

B. 提示错误信息并拒绝插入数据

C. 只插入部分数据

D. 以上都不对

二、判断题

1. 主键约束和唯一约束的作用是完全相同的。　　　　　　　　　　　（　　）

2. 外键约束只能引用同一个表中的主键或唯一键。　　　　　　　　　（　　）

3. CHECK 约束可以应用于多个列的组合。　　　　　　　　　　　　（　　）

4. 在 MySQL 中，默认值约束只能在创建表时设置，不能在后续修改表结构时添加。

　　　　　　　　　　　　　　　　　　　　　　　　　　　　　　（　　）

5. 数据完整性约束可以有效地保证数据库中数据的准确性和一致性。（　　）

三、填空题

1. 在 MySQL 中，使用 _____ 关键字来创建表。

2. 实体完整性是通过 _____ 来保证的。

3. 外键约束是通过 _____ 关键字来定义的。

4. CHECK 约束用于验证列值是否满足 _____。

5. 在 MySQL 中，删除一个表的 CHECK 约束，使用的语句是 _____。

四、问答题

1. 简述数据完整性约束的类型及其作用。

2. 当数据操作违反了数据完整性约束时，应该如何处理？

五、综合设计

假设你要设计一个图书馆管理系统的数据库，包含读者表、图书表和借阅记录表。请根据以下业务需求，设计合适的数据完整性约束：

读者表包含读者编号（主键）、姓名、性别、年龄等列，年龄必须为 10~100。

图书表包含图书编号（主键）、书名、作者、出版社、出版年份等列，书名不能为空。

借阅记录表包含借阅记录编号（主键）、读者编号（外键，引用读者表的读者编号）、图书编号（外键，引用图书表的图书编号）、借阅日期、归还日期等列，借阅日期不能大于归还日期。

请写出创建这 3 个表的 SQL 语句，并添加相应的数据完整性约束。

第5章

数据更新操作

[知识点]

UPDATE 语句用于修改表中数据

单表更新：单行更新、多字段更新

批量更新：使用 IN 子句或范围条件更新多行

批量更新：直接对字段进行运算

[重　点]

①掌握 UPDATE 语句的基本语法，能够根据需求准确指定要更新的表、列和值。

②合理使用 WHERE 子句来筛选需要更新的记录，避免误更新。

[难　点]

①当更新条件较为复杂，涉及多个逻辑运算符和子查询时，构建准确的 WHERE 子句存在一定难度。

②在更新数据时，要考虑数据的一致性，避免更新后的数据出现逻辑错误。

专业知识

5.1 内容概要

（1）数据更新概述

数据更新是数据库管理中一项基本而又重要的操作，通过插入、修改、删除3类操作，以新数据项或记录替换数据文件或数据库中对应旧数据项或记录的过程。为了确保数据更新操作的安全性和有效性，有一些基本的要求需要遵循，包括以下内容：

①权限控制：只有具有相应权限的用户才能进行数据库更新操作。

②数据验证：在进行数据库更新操作之前，需要对输入的数据进行验证，确保更新操作不会违反数据库的完整性约束，确保数据的合法性和有效性。

③更新验证：更新后验证数据的正确性，确保更新没有导致数据错误或丢失。

（2）插入数据

在SQL中通过INSERT语句来实现插入数据，具体插入形式有多种方式，包括以下几种：

1）INSERT INTO... SET

INSERT INTO... SET语句通过SET子句直接指定列名与值的对应关系，适用于插入单条记录，其基本语法如下：

```
INSERT INTO 表名
SET 字段名=值;
```

使用时需注意以下3点：

①若省略非空且无默认值的字段，会导致插入失败。

②表中的某些列没有指定值，将使用默认值或NULL。

③需确保字段值与数据类型匹配（如字符串需加引号）。

2）INSERT INTO ... VALUES

INSERT INTO ... VALUES语句是SQL中最基础且重要的操作之一，用于向数据库表中插入一条或多条记录，其基本语法如下：

```
INSERT INTO 表名(字段列表)
VALUES(记录);
```

使用时需注意以下两点：

①字段列表可以指定也可以不指定，不指定时插入记录中字段值的顺序、个数、对应位置的数据类型都必须与表定义的属性列匹配；当插入字段列表指定时，可以跳过自增主键或允许为空的列，对于没有指定的属性列若在定义表时给定了默认值则新元组在这些列上取默认值，否则取空值。

②若省略非空且无默认值的字段，会导致插入失败。

3)使用子查询

使用子查询插入数据是一种在处理数据迁移、数据复制或数据整合时非常有用的技术，允许根据复杂的条件从一个或多个表中选择数据，并将这些数据插入到另一个表中，基本语法如下：

```
INSERT INTO 表名(字段列表)
    SELECT 目标列表
    FROM   数据源表名
    WHERE 查询条件;
```

使用时需注意以下3点：

①确保目标表的列与子查询中选择的列的数量和类型相匹配。

②目标表有主键或唯一性约束，确保插入的数据不会违反这些约束。

③确保在INSERT INTO语句中不包含目标表中的自增列。

(3) 修改数据

在SQL中通过UPDATE语句修改数据库表中已存在的记录，基本语法如下：

```
UPDATE 表名
SET 字段名=值
WHERE 筛选条件;
```

UPDATE语句还会使用算术运算符、子查询、CASE语句、JOIN语句等高级用法，以实现更灵活地管理数据，具体方式包括：

1)使用算术运算符

UPDATE语句中使用算术运算符可以动态地更新列的值。

如执行将某表的column1列的值均增大10倍，column2列的值均减少15的操作，基本语法如下：

```
UPDATE 表名
SET column1=column*10, column2=column2-15;
```

2）结合子查询

UPDATE 语句结合子查询能够依据子查询结果来修改数据，其中子查询可以使用集合子查询、比较子查询以及存在子查询等，基本语法如下：

```
UPDATE  表名
SET  字段名=值
WHERE  筛选条件
    子查询;
```

3）使用 CASE 语句

UPDATE 语句结合 CASE 语句实现根据不同的条件采取不同的更新逻辑，同时各个字段可独立使用 CASE 逻辑实现多条件动态更新字段值，适用于复杂业务场景。基本语法如下：

```
UPDATE  表名
SET  列名=
    CASE
        WHEN  条件1  THEN  值1
        WHEN  条件2  THEN  值2
        ...
        ELSE  默认值
    END
WHERE  筛选条件;
```

使用时需注意的是 CASE 结构中若省略 ELSE，未匹配条件的行会被置为 NULL。

4）结合 JOIN 语句

UPDATE 语句结合 JOIN 语句可以依据其他表的数据来更新一个表中的数据，适用于需要关联多个表进行数据更新的场景。基本语法如下：

```
UPDATE  目标表名
JOIN  关联表名  ON  连接条件
SET  字段名=值
WHERE  筛选条件;
```

执行 UPDATE 语句之前需要注意以下3点：

①在执行更新操作之前，需确保对数据进行了充分的测试，以避免意外地修改大量

数据。

②使用事务来保证更新操作的原子性，特别是当更新多个表或执行复杂的更新逻辑时。

③对于大型数据库，考虑使用索引来加速WHERE子句中的条件判断。

（4）删除数据

1）DELETE

在SQL中，DELETE语句用于从数据库表中删除记录，且被删除的数据通常是不可恢复的，因此在执行删除操作之前，需确保对数据进行了充分的测试，以避免意外地删除大量数据，其基本语法如下：

```
DELETE FROM 表名
WHERE 删除条件;
```

除了基本的删除操作，DELETE语句还可以结合子查询、JOIN语句等一些高级用法。

①结合子查询。

DELETE语句使用子查询以构造删除数据的条件，其基本语法如下：

```
DELETE FROM 表名
WHERE 筛选条件
    子查询;
```

②结合JOIN语句。

DELETE语句结合JOIN语句实现根据与其他表中数据的关联来删除目标表中的记录，其基本语法如下：

```
DELETE FROM 表名
JOIN 连接表名 ON 连接条件
WHERE 过滤条件;
```

2）TRUNCATE

TRUNCATE用于快速清空整张表的数据，与DELETE不同的是它不支持条件过滤，会直接释放表的物理存储空间，并重置自增列的计数器，该操作适用于需要快速清空大表的场景（如日志表清理）。其基本语法如下：

```
TRUNCATE TABLE A;
```

5.2 编程实验

(1) 实验目的

①掌握 UPDATE 语句的基本语法和使用方法。

②能够运用 UPDATE 语句解决实际的数据更新问题。

③了解在更新数据时如何保证数据的一致性。

(2) 实验任务

任务 1：将 student_id 为"2"的学生的姓名更新为"李四新"。

任务 2：将所有学生的年龄加 1。

任务 3：将成绩低于 60 分的学生的成绩更新为 60 分。

任务 4：将 gender 为"女"的学生的成绩提高 10%。

任务 5：将 student_id 为"3"的学生的年龄和成绩同时更新，年龄更新为 25 岁，成绩更新为 95 分。

任务 6：将年龄大于 22 岁的学生的性别统一更新为"未指定"。

任务 7：将成绩在 80 ~ 90 分的学生的姓名前加上"优秀 -"前缀。

任务 8：将 student_id 为偶数的学生的成绩减少 5 分。

任务 9：将年龄最小的学生的成绩更新为 100 分。

任务 10：将所有学生的成绩更新为该学生所在性别群体的平均成绩。

(3) 实验步骤

步骤 1：创建 students 表并插入测试数据，插入数据如下：

```
(1, '张三', 22, '男', 88.5),
(2, '李四', 20, '女', 76.0),
(3, '王五', 23, '男', 92.0),
(4, '赵六', 21, '女', 85.5),
(5, '孙七', 22, '男', 78.0);
```

步骤 2：按照实验任务编写 SQL 更新语句。

步骤 3：执行更新语句，检查更新结果是否符合预期。

步骤 4：分析更新操作对数据一致性的影响，思考如何避免数据错误。

(4) 分析与讨论

①更新操作的基本原理。

②数据一致性问题。

课后习题

一、选择题

1. UPDATE 语句用于（　　　）。

　　A. 插入数据　　　　　　　　　　B. 查询数据

　　C. 更新数据　　　　　　　　　　D. 删除数据

2. 以下哪个是 UPDATE 语句的必要子句？（　　　）

　　A. SET　　　　　　　　　　　　B. WHERE

　　C. FROM　　　　　　　　　　　D. GROUP BY

3. 如果 UPDATE 语句中省略 WHERE 子句，会发生什么？（　　　）

　　A. 不更新任何记录　　　　　　　B. 只更新第一条记录

　　C. 更新表中的所有记录　　　　　D. 报错

4. 要将 students 表中 student_id 为 "5" 的学生的年龄更新为 24 岁，正确的 SQL 语句是
（　　　）。

　　A. UPDATE students SET age = 24 WHERE student_id = 5;

　　B. UPDATE students WHERE student_id = 5 SET age = 24;

　　C. UPDATE students AND student_id = 5 SET age = 24;

　　D. UPDATE students OR student_id = 5 SET age = 24;

5. 可以在 UPDATE 语句中使用（　　　）来筛选要更新的记录。

　　A. SELECT 子句　　　　　　　　B. WHERE 子句

　　C. GROUP BY 子句　　　　　　　D. ORDER BY 子句

6. 以下哪个语句可以将 employees 表中所有员工的工资提高 5%？（　　　）

　　A. UPDATE employees SET salary = salary * 0.05;

　　B. UPDATE employees SET salary = salary + 0.05;

　　C. UPDATE employees SET salary = salary * 1.05;

　　D. UPDATE employees SET salary = salary + 5;

7. 在 UPDATE 语句中，SET 子句可以同时更新（　　　）列。

　　A. 1 个　　　　　　　　　　　　B. 多个

　　C. 只能更新 2 个　　　　　　　　D. 以上都不对

8. 要将 products 表中价格低于 100 的产品的价格更新为 100，正确的 SQL 语句是（　　　）。

　　A. UPDATE products SET price = 100 WHERE price < 100;

　　B. UPDATE products WHERE price < 100 SET price = 100;

C. UPDATE products AND price < 100 SET price = 100;

D. UPDATE products OR price < 100 SET price = 100;

9.可以在 UPDATE 语句中使用（　　　）来确定要更新的值。

A. 常量　　　　　　　　　　　　　B. 表达式

C. 子查询　　　　　　　　　　　　D. 以上都可以

10.以下哪个语句可以将 customers 表中 customer_id 为 "10" 的客户的 email 字段更新为 "newemail@example.com"？（　　　）

A. UPDATE customers SET email = 'newemail@example.com' WHERE customer_id = 10;

B. UPDATE customers WHERE customer_id = 10 SET email = 'newemail@example.com';

C. UPDATE customers AND customer_id = 10 SET email = 'newemail@example.com';

D. UPDATE customers OR customer_id = 10 SET email = 'newemail@example.com';

二、判断题

1.UPDATE 语句只能更新一条记录。　　　　　　　　　　　　　　　　　（　　　）

2.在 UPDATE 语句中，WHERE 子句是必需的。　　　　　　　　　　　　（　　　）

3.可以在 UPDATE 语句的 SET 子句中使用表达式来更新列的值。　　　　（　　　）

4.如果 UPDATE 语句的 WHERE 子句条件不匹配任何记录，会报错。　　（　　　）

5.可以在 UPDATE 语句中使用子查询来确定要更新的值。　　　　　　　（　　　）

三、填空题

1.UPDATE 语句的基本语法中，用于指定要更新的列及其新值的子句是_____。

2.如果要更新表中的所有记录，UPDATE 语句可以省略_____子句。

3.在 UPDATE 语句中，可以使用_____运算符来更新列的值，例如将列的值加 1。

4.要更新 students 表中 student_id 为 "4" 的学生的姓名和年龄，SET 子句应该写成_____
_____。

5.可以在 UPDATE 语句的 WHERE 子句中使用_____运算符来组合多个条件。

四、问答题

1.简述 UPDATE 语句中 WHERE 子句的作用。

2.如何在UPDATE语句中同时更新多个列？

五、综合设计题

假设存在一个 orders 表，包含字段：order_id（订单 ID）、customer_id（客户 ID）、order_date（订单日期）、total_amount（订单总金额），请编写SQL查询。

①将 customer_id 为"5"的所有订单的总金额提高8%。

②将订单日期早于"2025-01-01"的订单的总金额减少10%。

第6章

单表查询

知识导览

[知识点]

①基本查询语句：使用SELECT语句从单表中检索数据，可指定要查询的列名，也可用"*"表示查询所有列。

②条件查询：借助WHERE子句筛选满足特定条件的记录，条件可使用比较运算符（如=, >, <, >=, <=, <> 等）、逻辑运算符（如AND, OR, NOT）。

③排序查询：利用ORDER BY子句对查询结果进行排序，可按升序（ASC）或降序（DESC）排列。

④聚合函数：常见的聚合函数有COUNT（统计记录数）、SUM（求和）、AVG（求平均值）、MAX（求最大值）、MIN（求最小值），常与GROUP BY子句配合使用。

⑤分组查询：GROUP BY子句能将查询结果按指定列进行分组，可对每个组应用聚合函数。

⑥限制查询结果数量：使用LIMIT子句限制查询结果返回的记录数。

[重　点]

①SELECT 语句的灵活运用:熟练掌握根据不同需求编写 SELECT 语句,准确选择所需列。

②条件查询的构建:能依据业务需求合理构建 WHERE 子句中的条件,筛选出符合要求的记录。

③聚合函数和分组查询的结合:掌握如何使用聚合函数对分组后的数据进行统计分析。

[难　点]

①复杂条件的构建:当涉及多个条件和逻辑运算符时,准确构建 WHERE 子句存在一定难度。

②分组查询的理解和应用:理解分组的概念以及如何根据分组结果进行聚合操作。

专业知识

6.1　内容概要

MySQL 单表查询是数据库操作中最基础且常用的功能之一,它允许从一个表中检索数据。

1)单表查询

其基本语法格式如下:

```
SELECT 列名1, 列名2, ...
FROM 表名
[WHERE 条件表达式]
[GROUP BY 列名1, 列名2, ...]
[HAVING 条件表达式]
[ORDER BY 列名1 [ASC|DESC], 列名2 [ASC|DESC], ...]
[LIMIT 偏移量, 行数];
```

各子句的作用如下:

SELECT:指定要查询的列。可以是具体的列名,也可以使用"*"表示查询所有列。

FROM：指定要查询的表。

WHERE：用于筛选满足特定条件的记录。

GROUP BY：对查询结果进行分组。

HAVING：在分组后筛选满足条件的组。

ORDER BY：对查询结果进行排序，其中 ASC 表示升序（默认），DESC 表示降序。

LIMIT：限制查询结果返回的行数，偏移量表示从哪一行开始返回，行数表示返回的行数。

2）查询所有列

使用"*"可以查询表中的所有列。

```
SELECT * FROM 表名;
```

3）查询指定列

只查询表中需要的列，将列名用逗号分隔。

```
SELECT 列名1，列名2 FROM 表名;
```

4）使用 WHERE 子句筛选记录

WHERE 子句用于筛选满足特定条件的记录。可以使用比较运算符（如=, >, <, >=, <=, <>）和逻辑运算符（如 AND, OR, NOT）。

```
SELECT 列名1，列名2 FROM 表名 WHERE 条件表达式;
```

5）使用 GROUP BY 子句分组

GROUP BY 子句用于对查询结果进行分组。通常与聚合函数（如 SUM, AVG, COUNT, MAX, MIN）一起使用。

```
SELECT 列名1，聚合函数(列名2) FROM 表名 GROUP BY 列名1;
```

6）使用 HAVING 子句筛选分组结果

HAVING 子句用于在分组后筛选满足条件的组。它与 WHERE 子句的区别在于，WHERE 子句在分组前筛选记录，而 HAVING 子句在分组后筛选组。

```
SELECT 列名1，聚合函数(列名2) FROM 表名 GROUP BY 列名1 HAVING 条件表达式;
```

7）使用 ORDER BY 子句排序

ORDER BY 子句用于对查询结果进行排序。可以指定多个列进行排序，每个列可以单独指定升序或降序。

8）使用LIMIT子句限制结果行数

LIMIT子句用于限制查询结果返回的行数。可以指定偏移量和行数。

```
SELECT 列名1，列名2 FROM 表名 LIMIT 偏移量，行数;
```

9）去除重复记录

使用DISTINCT关键字去除查询结果中的重复记录。

```
SELECT DISTINCT 列名 FROM 表名;
```

10）模糊查询

使用LIKE关键字进行模糊查询。"%"表示任意多个字符，"_"表示任意单个字符。

```
SELECT 列名 FROM 表名 WHERE 列名 LIKE '模式';
```

11）范围查询

使用BETWEEN...AND...关键字进行范围查询。

```
SELECT 列名 FROM 表名 WHERE 列名 BETWEEN 值1 AND 值2;
```

12）空值查询

使用IS NULL或IS NOT NULL关键字进行空值查询。

```
SELECT 列名 FROM 表名 WHERE 列名 IS NULL;
```

6.2 编程实验

（1）实验目的

①掌握MySQL单表查询的基本语法和使用方法。

②能够运用单表查询解决实际的数据库查询问题。

③了解不同查询方式的性能特点。

（2）实验任务

假设学生选课系统有students表，包含字段：student_id（学生ID）、student_name（学生姓名）、age（年龄）、gender（性别）、score（成绩）。

任务1：查询所有学生的信息。

任务2：查询所有学生的姓名和年龄。

任务3：查询年龄大于20岁的学生信息。

任务4：查询成绩为80~90分的学生姓名和成绩。

任务5：查询姓"张"的学生信息。

任务6：查询性别为"男"且成绩大于85分的学生信息。

任务7：查询年龄最大的学生信息。

任务8：查询学生的平均成绩。

任务9：按成绩降序排列查询学生信息。

任务10：查询前5名成绩最高的学生信息。

（3）实验步骤

步骤1：创建students表并插入测试数据。

```
CREATE TABLE students (
    student_id INT PRIMARY KEY,
    student_name VARCHAR(50),
    age INT,
    gender VARCHAR(10),
    score DECIMAL(5, 2)
);
INSERT INTO students (student_id, student_name, age, gender, score)
VALUES
(1, '张三', 22, '男', 88.5),
(2, '李四', 20, '女', 76.0),
(3, '王五', 23, '男', 92.0),
(4, '赵六', 21, '女', 85.5),
(5, '孙七', 22, '男', 78.0);
```

步骤2：按照实验任务编写SQL查询语句。

步骤3：执行查询语句，检查结果是否符合预期。

步骤4：分析不同查询语句的性能，思考优化方法。

（4）分析与讨论

①WHERE 与 HAVING 的区别。

②聚合函数在分组查询中的作用是什么？

③如何优化单表查询的性能？

课后习题

一、选择题

1. 以下哪个关键字用于从表中选择数据？（　　　）

    A. INSERT   B. SELECT

    C. UPDATE   D. DELETE

2. 要选择表中所有列，可以使用（　　　）。

    A. *   B. ALL

    C. EVERY   D. ANY

3. WHERE 子句用于（　　　）。

    A. 对结果进行排序   B. 对数据进行分组

    C. 过滤数据   D. 限制返回结果的数量

4. 以下哪个是聚合函数？（　　　）

    A. SUM()   B. ORDER BY

    C. WHERE   D. LIMIT

5. GROUP BY 子句用于（　　　）。

    A. 对结果进行排序   B. 对数据进行分组

    C. 过滤数据   D. 限制返回结果的数量

6. 要对查询结果按某列进行升序排序，应使用（　　　）。

    A. ORDER BY column_name DESC

    B. ORDER BY column_name ASC

    C. GROUP BY column_name

    D. WHERE column_name

7. HAVING 子句通常与（　　　）一起使用。

    A. WHERE   B. GROUP BY

    C. ORDER BY   D. LIMIT

8. 要限制查询结果返回的行数，应使用（　　　）。

    A. WHERE   B. GROUP BY

    C. ORDER BY   D. LIMIT

9. 以下哪个比较运算符表示不等于？（　　　）

    A. =   B. <>

    C. <   D. >

10. 在SELECT语句中，COUNT(*)用于（　　　）。

    A. 计算所有列的总和　　　　　　　　B. 计算所有列的平均值

    C. 计算记录的数量　　　　　　　　　D. 计算某列的最大值

二、判断题

1. SELECT语句只能从一个表中选择数据。　　　　　　　　　　　　（　　　）

2. WHERE子句可以在GROUP BY子句之后使用。　　　　　　　　　（　　　）

3. 聚合函数可以在没有GROUP BY子句的情况下使用。　　　　　　（　　　）

4. ORDER BY子句默认按升序排序。　　　　　　　　　　　　　　（　　　）

5. LIMIT子句用于限制查询结果的列数。　　　　　　　　　　　　（　　　）

三、填空题

1. 要从employees表中选择first_name和last_name列，应使用的SQL语句是SELECT ____

____, _____ FROM employees。

2. 要查询salary大于8000的员工信息，WHERE子句应写成WHERE _____ > 8000。

3. 要对查询结果按hire_date降序排序，ORDER BY子句应写成ORDER BY _____

_____。

4. 要计算employees表中员工的平均薪水，应使用的聚合函数是 _____ (salary)。

5. 要查询每个部门的最高薪水，GROUP BY子句应与 _____(salary)聚合函数一起

使用。

四、问答题

1. 请解释WHERE子句和HAVING子句的区别。

2. 聚合函数在单表查询中有什么作用？请举例说明。

五、综合设计题

1.假设存在一个products表，包含以下列：

列名	数据类型	描述
product_id	INT	产品编号
product_name	VARCHAR(100)	产品名称
category	VARCHAR(50)	产品类别
price	DECIMAL(10, 2)	产品价格
quantity	INT	产品库存数量

请编写SQL查询语句完成以下任务。

①查询所有产品的信息。

②查询价格大于100的产品名称和价格。

③查询每个类别的产品数量。

④查询每个类别中价格最高的产品信息。

⑤查询库存数量最多的前5个产品信息。

2.假设存在一个employees表，包含字段：employee_id（员工 ID）、employee_name（员工姓名）、department（部门）、salary（工资）。请编写SQL查询。

①查询每个部门的平均工资，并按平均工资降序排列。

②查询工资高于所在部门平均工资的员工信息。

第7章

···

连接查询

知识导览

[知识点]

①连接类型：交叉连接(CROSS JOIN)、内连接(INNER JOIN)、外连接(OUTER JOIN)和自身连接(SELF JOIN)。

②连接条件：使用ON子句来指定连接条件,通常是关联表的列之间的相等关系。

③多表连接：可以同时连接多个表来获取更复杂的数据。

[重　点]

①理解不同连接类型的区别和适用场景。

②能够正确编写连接查询语句,包括指定连接条件和选择需要的列。

③处理连接查询中的数据重复和空值问题。

[难　点]

①复杂的多表连接,特别是涉及多个连接条件和子查询的情况。

②理解和处理连接查询中的数据完整性和一致性问题。

专业知识

7.1 内容概要

(1) 连接查询的定义

连接查询是关系数据库中最常用的查询操作之一，用于从两个及以上的表中查询出需要的综合信息并生成一个单一的结果集，其中包含了满足基于这些表之间的逻辑关系或指定的连接条件的记录的组合数据。

连接查询的三要素：

①参与连接的表，至少涉及两个表，每个表代表数据库中的一个独立实体或数据集合，它们之间可能存在某种关联。

②连接条件，定义了如何将一个表中的行与另一个表中的行匹配起来，最常见的是等值连接条件，即比较两个表中指定列的值是否相等。条件也可以是非等值的，使用比较运算符（如<、>、<=、>=、<>等）或其他复杂的逻辑表达式。

③结果集，连接操作的结果是一个新表（虚拟的或临时的），其列是参与连接的表的相关列的并集，而行则是满足连接条件的行的组合。

根据连接条件、连接方式以及返回结果的不同，连接查询可以分为交叉连接、内连接、外连接和自身连接。

(2) 交叉连接

交叉连接（CROSS JOIN）是一种特殊的数据库查询连接类型，用于将两个（或更多）表中的每一行与其他表中的每一行进行配对，生成一个新的结果集，结果集包含了所有可能的行组合，且不受任何特定连接条件的限制。交叉连接返回的是参与连接的各表记录数的乘积，即它们的笛卡尔积（Cartesian Product）。

交叉连接SELECT语句的一般格式如下：

1）隐式交叉连接

```
SELECT 列名
FROM 表1,表2;
```

2)显式交叉连接

```
SELECT 列名
FROM 表1
CROSS JOIN 表2;
```

（3）内连接

内连接（INNER JOIN）是一种常见的关系型数据库查询操作，用于合并两个或更多相关表中的数据，结果集中仅包含参与连接的表中具有共同连接条件的记录对。

根据连接条件的不同，内连接可以分为等值与不等值连接、复合条件连接和自然连接。其中自然连接首先自动识别相同列，基于具有相同名称的列进行等值连接，并把结果集重复的属性列去掉，但自然连接查询方式依赖于表结构的稳定性和规范性，因此不适用于多表连接。

根据连接方式的不同，内连接可分为隐式内连接、显式内连接。从执行过程来看，隐式内连接先执行生成笛卡尔积再按连接条件筛选过滤不匹配的行，显式内连接则先执行连接条件筛选再匹配组合；从执行结果来看，隐式内连接与显式内连接在功能上是等价的，但显式内连接查询方式结构清晰、易于扩展，并且数据库系统能够对其进行有效优化，是进行关系型数据查询的标准做法。

内连接SELECT语句的一般格式如下：

1)隐式内连接

```
SELECT 列名
FROM 表1,表2
WHERE 连接条件
AND 筛选条件;
```

2)显式内连接

```
SELECT 列名
FROM 表1
INNER JOIN 表2 ON 连接条件
WHERE 筛选条件;
```

3)自然连接

```
SELECT 列名
FROM 表1
```

```
NATURAL JOIN 表2
WHERE 筛选条件;
```

（4）外连接

外连接（OUTER JOIN）是SQL中一种用于合并两个或更多表的行的查询方法，与内连接不同之处在于，外连接不仅返回满足连接条件的行，还会包含至少一个表中未能在另一个表中找到匹配项的行，而没有对应匹配行的列相应值填充NULL。外连接分为左外连接（LEFT JOIN）、右外连接（RIGHT JOIN）和全连接（FULL OUTER JOIN）。外连接SELECT语句的一般格式如下：

1）左外连接

```
SELECT 列名
FROM 左表
LEFT JOIN 右表 ON 连接条件
WHERE 筛选条件;
```

2）右外连接

```
SELECT 列名
FROM 左表
RIGHT JOIN 右表 ON 连接条件
WHERE 筛选条件;
```

3）全连接

MySQL本身不直接支持FULL OUTER JOIN，但可以通过UNION操作将左外连接和右外连接的结果合并来模拟。其语法格式如下：

```
SELECT 列名
FROM 左表
LEFT JOIN 右表 ON 连接条件
UNION
SELECT 列名
FROM 左表
RIGHT JOIN 右表 ON 连接条件
WHERE 筛选条件;
```

（5）自身连接

自身连接（SELF JOIN）是一种特殊的 SQL 查询技术，它涉及对单个表进行多次引用，每次引用使用不同的别名，并通过连接条件将这些别名化的表实例关联起来，以便在同一张表的不同行之间建立关系。

自身连接时连接类型可以根据业务需求使用各种类型的连接，如内连接、外连接等，以适应不同的关联场景。采用隐式内连接实现自身连接语法如下：

```
SELECT 列名
FROM 表名 别名1，表名 别名2
WHERE 连接条件
AND 筛选条件；
```

7.2 编程实验

（1）实验目的

①掌握 MySQL 中不同连接类型的使用方法。

②能够运用连接查询解决实际的数据库查询问题。

③理解连接查询对数据完整性和一致性的影响。

（2）实验任务

假设学生选课系统包含以下 3 个表：

students 表：存储学生信息，包含 student_id（学生编号）、student_name（学生姓名）等字段。

courses 表：存储课程信息，包含 course_id（课程编号）、course_name（课程名称）等字段。

enrollments 表：存储学生选课信息，包含 student_id（学生编号）、course_id（课程编号）等字段。

任务 1：查询所有学生及其所选课程的信息（使用内连接）。

任务 2：查询所有学生及其所选课程的信息，包括没有选课的学生（使用左连接）。

任务 3：查询所有课程及其选课学生的信息，包括没有学生选的课程（使用右连接）。

任务 4：查询所有学生和所有课程的组合（使用交叉连接）。

任务 5：查询每个学生所选课程的数量。

任务6：查询选修了某门课程（例如课程编号为"C001"）的所有学生信息。

任务7：查询没有选课的学生信息。

任务8：查询同时选修了两门特定课程（例如课程编号为"C001"和"C002"）的学生信息。

任务9：查询每个课程的选课人数，并按选课人数降序排列。

任务10：查询选修课程数量最多的学生信息。

（3）实验步骤

①创建数据库和相关表，并插入测试数据。

```sql
--创建数据库
CREATE DATABASE student_course_system;


-- 使用数据库
USE student_course_system;


-- 创建 students 表
CREATE TABLE students (
    student_id VARCHAR(10) PRIMARY KEY,
    student_name VARCHAR(50)
);


-- 创建 courses 表
CREATE TABLE courses (
    course_id VARCHAR(10) PRIMARY KEY,
    course_name VARCHAR(50)
);


-- 创建 enrollments 表
CREATE TABLE enrollments (
    student_id VARCHAR(10),
    course_id VARCHAR(10),
    PRIMARY KEY (student_id, course_id),
    FOREIGN KEY (student_id) REFERENCES students(student_id),
```

```
    FOREIGN KEY (course_id) REFERENCES courses(course_id)
);
```

```
-- 插入测试数据
INSERT INTO students (student_id, student_name) VALUES
('S001', '张三'),
('S002', '李四'),
('S003', '王五');
```

```
INSERT INTO courses (course_id, course_name) VALUES
('C001', '数学'),
('C002', '英语'),
('C003', '计算机科学');
```

```
INSERT INTO enrollments (student_id, course_id) VALUES
('S001', 'C001'),
('S001', 'C002'),
('S002', 'C002'),
('S002', 'C003');
```

②依次执行上述实验任务中的 SQL 查询语句，并观察查询结果。

③分析查询结果，理解不同连接类型和查询条件的作用。

（4）分析与讨论

①在实验过程中，如何处理数据重复问题？

②在实验过程中，如何处理空值问题？

课后习题

一、选择题

1.以下哪种连接类型只返回两个表中匹配的记录？（　　　）

　　A. 内连接　　　　　B. 左连接　　　　　C. 右连接　　　　　D. 全连接

2. 在左连接中，左表中的记录（　　　）。

  A. 必须在右表中有匹配记录

  B. 可以在右表中没有匹配记录

  C. 必须在右表中至少有一条匹配记录

  D. 以上都不对

3. 交叉连接会返回两个表的（　　　）。

  A. 所有记录的组合

  B. 匹配记录的组合

  C. 左表的所有记录

  D. 右表的所有记录

4. 要查询所有学生及其所选课程的信息，包括没有选课的学生，应该使用（　　　）。

  A. 内连接   B. 左连接

  C. 右连接   D. 全连接

5. 在连接查询中，使用（　　　）子句来指定连接条件。

  A. WHERE   B. GROUP BY

  C. ON   D. HAVING

6. 以下哪种连接类型可以返回左表中的所有记录以及右表中匹配的记录？（　　　）

  A. 内连接   B. 左连接

  C. 右连接   D. 全连接

7. 要查询选修了某门课程的所有学生信息，应该使用（　　　）。

  A. 内连接   B. 左连接

  C. 右连接   D. 全连接

8. 在连接查询中，使用（　　　）子句来对结果进行分组。

  A. WHERE   B. GROUP BY

  C. ON   D. HAVING

9. 要查询每个课程的选课人数，并按选课人数降序排列，应该使用（　　　）。

  A. 内连接   B. 左连接

  C. 右连接   D. 全连接

10. 以下哪种连接类型可以返回两个表中的所有记录？（　　　）

  A. 内连接   B. 左连接

  C. 右连接   D. 全连接

二、判断题

1.内连接只返回两个表中匹配的记录。　　　　　　　　　　　　　　　（　　）

2.左连接会返回左表中的所有记录以及右表中匹配的记录。　　　　　（　　）

3.交叉连接会返回两个表中匹配的记录。　　　　　　　　　　　　　（　　）

4.在连接查询中，ON子句用于指定连接条件，WHERE子句用于过滤查询结果。

（　　）

5.全连接可以返回两个表中的所有记录。　　　　　　　　　　　　　（　　）

三、填空题

1.连接查询中，使用＿＿＿＿＿＿子句来指定连接条件。

2.左连接会返回左表中的所有记录以及右表中＿＿＿＿＿＿的记录。

3.交叉连接会返回两个表的＿＿＿＿＿＿。

4.要查询所有学生及其所选课程的信息，包括没有选课的学生，应该使用＿＿＿＿＿＿连接。

5.在连接查询中，使用＿＿＿＿＿＿子句来对结果进行分组。

四、问答题

1.请简要说明内连接、左连接、右连接和全连接的区别。

2.在连接查询中，如何处理数据重复和空值问题？

五、综合设计题

假设你有一个图书馆管理系统，包含以下3个表：

books 表：存储图书信息，包含 book_id（图书编号）、book_title（图书标题）等字段。

readers 表：存储读者信息，包含 reader_id（读者编号）、reader_name（读者姓名）等字段。

borrows 表：存储图书借阅信息，包含 reader_id（读者编号）、book_id（图书编号）、borrow_date（借阅日期）等字段。

请编写 SQL 查询语句完成以下任务：

1.查询所有读者及其借阅的图书信息（包括没有借阅图书的读者）。

2.查询每本图书的借阅次数，并按借阅次数降序排列。

3.查询借阅图书数量最多的读者信息。

第8章

嵌套查询和集合查询

知识导览

[知识点]

①嵌套查询的概念：在一个SQL查询语句中嵌套另一个查询语句，内层查询的结果作为外层查询的条件或数据源。

②嵌套查询的分类：按用途和位置、执行过程、谓词、子查询返回结果有不同的分类。

③集合查询的概念：将多个查询结果进行合并或比较，常见的集合操作有UNION、UNION ALL、INTERSECT(部分数据库支持)和EXCEPT(部分数据库支持)。

④子查询的使用场景：用于筛选数据、计算统计信息、进行数据比较等。

⑤集合查询的使用场景：合并多个查询结果、找出不同查询结果之间的交集或差集。

[重　点]

①掌握不同类型嵌套查询的语法结构，能够正确编写嵌套查询语句。

②熟悉UNION、UNION ALL等集合操作的语法，了解它们之间的区别。

[难　点]

复杂嵌套查询的设计。

8.1　内容概要

（1）嵌套查询概述

嵌套查询也被称为子查询，是 SQL 中一种复杂的查询技术。它是将一个查询块嵌套在另一个查询块中，上层查询块被称为外层查询或者父查询，下层查询块被称为内层查询或子查询，子查询的结果作为父查询的查询条件或数据源，以此来解决更复杂的数据检索需求。SQL 语言允许多层嵌套，即子查询中还可以嵌套其他子查询，但过深的嵌套可能导致查询性能下降。

嵌套查询的类型可从以下角度进行划分：

①从用途和位置的不同，可分为在 SELECT 子句提供一个列、在 FROM 子句提供数据源、在 WHERE 子句/HAVING 子句提供过滤条件以及在 UPDATE / DELETE 语句中确定被更新或删除的行。

②从执行过程的不同，可以分为不相关子查询和相关子查询。

③从使用的谓词不同，可以分为集合子查询、比较子查询和存在子查询。

④从子查询返回结果的不同，可分为标量子查询、行子查询、列子查询和表子查询。

（2）不相关子查询与相关子查询

不相关子查询也称为独立子查询，其执行独立于父查询，因此往往一次性得到子查询结果集，且在父查询执行过程中子查询不再执行，同时结果集保持不变。不相关子查询能够通过独立查询语句使查询结构更清晰，可以在查询中使用计算字段提升查询的灵活性，还能在多个查询之间共享查询结果以提高查询效率，不过，若子查询返回数据量过大时，则可能会对性能产生负面影响。

相关子查询也称为关联子查询，其执行依赖于父查询的每一行数据，作为父查询的一部分动态执行。相关子查询通常出现在父查询的 WHERE 子句或 SELECT 列表中，父查询每执行新的一行时子查询都会重新执行一次，且每次都使用父查询当前行的相关属性值作为子查询的一部分条件，再将子查询结果集作为父查询的查询条件，从而实现更复杂的条件判断。相关子查询的执行过程使得在处理大量数据时会导致查询性能下降，因此应尽量避免不必要的相关子查询，但使用时需要注意其性能影响并根据具体需求进行优化。

（3）集合子查询

集合子查询中先执行子查询产生一个临时的结果集，这个结果集可以作为条件与父查询进行比较、匹配或者其他集合运算以在查询中处理多个可能的值，集合子查询常用的谓词有 IN、NOT IN、ANY、ALL。

1）带 IN/NOT IN 谓词的子查询

用于检查父查询某个值是否存在于子查询的结果集中，语法如下：

```
SELECT 列名
FROM 父表
WHERE 列名  IN/NOT IN
(
    SELECT 列名
    FROM 子表
);
```

2）带 ANY/ALL 谓词的子查询

比较运算符结合谓词 ANY 或 ALL 用于与子查询结果集的任何值或所有值进行比较，语法如下，其语义见表 8-1。

```
SELECT 列名
FROM 父表
WHERE 列名  >ANY/ >=ANY
(
    SELECT 列名
    FROM 子表
);
```

表 8-1　比较运算符结合 ANY 或 ALL 谓词语义

比较运算符+ANY/ALL	语义
>ANY (>=ANY)	大于（大于等于）子查询结果中的某个值
<ANY (<=ANY)	小于（小于等于）子查询结果中的某个值
=ANY (!=ANY)	等于（不等于）子查询结果中的某个值
>ALL (>=ALL)	大于（大于等于）子查询结果中的所有值
<ALL (<=ALL)	小于（小于等于）子查询结果中的所有值
=ALL	等于子查询结果中的所有值（**没有实际意义**）
!=ALL	不等于子查询结果中的所有值

使用集合子查询时,首先应确保子查询返回的结果集是有效的,其次集合子查询需要处理多个返回值导致比单个值的子查询更复杂,同时数据量、索引等也会影响集合子查询的性能。

在 SQL 中,ANY、ALL 谓词与聚集函数、IN 谓词之间存在等价转换关系,这些转换可以帮助优化查询性能并使查询更加灵活,等价转换关系见表 8-2。

表 8-2 ANY、ALL 谓词与聚集函数、IN 谓词之间存在等价转换关系

	=	!=	<	<=	>	>=
any	in		<max	<=max	>min	>=min
all		not in	<min	<=min	>max	>=max

(4) 比较子查询

比较子查询是在 SQL 查询中使用比较运算符(如=、!=、>、>=、<、<=等)将子查询的结果与父查询中的某个表达式或某列值进行比较的一种查询形式,通常用于筛选满足特定条件的数据行。语法如下:

```
SELECT 列名
FROM 父表
WHERE 列名= / !=
(
    SELECT 列名
    FROM 子表
);
```

比较子查询中子查询结果集通常是单个值而不是一组值,让查询更灵活地根据另一个查询的结果来进行数据筛选,从而起到过滤条件的作用。

(5) 存在子查询

存在子查询是 SQL 中一种特殊的子查询形式,使用谓词 EXISTS 或 NOT EXISTS 出现在父查询的 WHERE 子句中,用于检查子查询是否返回任何结果。如果子查询返回至少一个结果,那么 EXISTS 子查询的结果就是 TRUE,否则就是 FALSE,从而过滤出满足某种存在性条件的记录。语法如下:

```
SELECT 列名
FROM 父表
WHERE EXISTS / NOT EXISTS
(
    SELECT *
```

```
    FROM 子表
    WHERE 筛选条件
);
```

由于存在子查询只根据结果集是否为空而返回 TRUE 或者 FALSE,因此子查询实际不产生任何数据,则目标列名无实际意义,故目标列表达式通常用"*"代替。

与 IN、JOIN 相比,存在子查询非常适用于需要根据另一表中是否存在特定记录来过滤数据的场景,因为它一旦找到匹配项就会停止搜索,而不需要处理整个子查询结果集,因此 EXISTS 在处理大量数据时更高效灵活。

(6)常见的集合查询操作

在 MySQL 里,集合查询操作指的是对多个查询结果集进行组合和处理,这些操作对于数据分析和报告生成特别有用。使用时需要注意以下两点:

①参与集合查询的各个 SELECT 语句的列数必须相同,且对应列的数据类型要兼容。

②如果需要对集合查询的结果进行排序,可在最后一个 SELECT 语句后使用 ORDER BY 子句。

常见的集合操作有:

1)UNION

用于合并两个或多个 SELECT 语句的结果集,并自动去除重复的行。语法如下:

```
SELECT 列名1
FROM 表1
UNION
SELECT 列名2
FROM 表2;
```

2)UNION ALL

UNION ALL 和 UNION 类似,也是用于合并多个 SELECT 语句的结果集,但它不会去除重复的行,因此查询性能通常会比 UNION 稍高。语法如下:

```
SELECT 列名1
FROM 表1
UNION ALL
SELECT 列名2
FROM 表2;
```

3) INTERSECT(模拟实现)

MySQL 本身不直接支持 INTERSECT 操作，但可以通过子查询和 IN 关键字来模拟。INTERSECT 用于返回多个查询结果集中共同的行。

如查询既在 A 表中又在 B 表中的记录：

```
SELECT *
FROM table_a
JOIN table_b
USING (column_name);
```

4) EXCEPT(模拟实现)

MySQL 没有直接的 EXCEPT 操作符，不过可以使用 LEFT JOIN 或者 NOT IN 来模拟。EXCEPT 用于返回在一个查询结果集中但不在另一个查询结果集中的行。

如查询在 t1 表中但不在 t2 表中记录的 id 和 name 字段：

①使用 LEFT JOIN 模拟：

```
SELECT t1.id, t1.name
FROM table1 t1
LEFT JOIN table2 t2 ON t1.id = t2.id AND t1.name = t2.name
WHERE t2.id IS NULL;
```

②使用 NOT IN 模拟：

```
SELECT id, name
FROM table1
WHERE (id, name) NOT IN (SELECT id, name FROM table2);
```

8.2 编程实验

(1) 实验目的

①掌握 SQL 嵌套查询的基本语法与分类，包括集合子查询、比较子查询、存在子查询等。
②理解不相关子查询与相关子查询的执行过程及性能差异。
③熟悉集合谓词（IN, ANY, ALL）与 EXISTS 的使用场景及等价转换规则。
④培养通过优化嵌套查询来提升数据库查询效率的能力。

(2) 实验任务

学生信息综合管理系统如下：

class 表存储班级信息，有班级 ID 和班级名称字段。

student表存储学生信息，包含学生ID、学号、姓名、年龄和所属班级ID。

course表存储课程信息，有课程ID、课程代号和课程名称字段。

enrollment表存储选课信息，包含选课ID、学号、课程代号和成绩。

创建各数据表并插入相应数据。

```sql
-- 创建班级表
CREATE TABLE class (
    class_id INT AUTO_INCREMENT PRIMARY KEY,
    class_name VARCHAR(20) NOT NULL
);


-- 创建学生表
CREATE TABLE student (
    student_id INT AUTO_INCREMENT PRIMARY KEY,
    student_no VARCHAR(20) NOT NULL,
    student_name VARCHAR(50) NOT NULL,
    age INT,
    class_id INT,
    FOREIGN KEY (class_id) REFERENCES class(class_id)
);


-- 创建课程表
CREATE TABLE course (
    course_id INT AUTO_INCREMENT PRIMARY KEY,
    course_no VARCHAR(20) NOT NULL,
    course_name VARCHAR(50) NOT NULL
);


-- 创建选课表
CREATE TABLE enrollment (
    enrollment_id INT AUTO_INCREMENT PRIMARY KEY,
    student_no VARCHAR(20) NOT NULL,
    course_no VARCHAR(20) NOT NULL,
    grade INT,
    FOREIGN KEY (student_no) REFERENCES student(student_no),
    FOREIGN KEY (course_no) REFERENCES course(course_no)
);
```

```
-- 插入示例数据
INSERT INTO class (class_name) VALUES ('C001'), ('C002');
INSERT INTO student (student_no, student_name, age, class_id) VALUES
('S0001', 'Alice', 20, 1),
('S0002', 'Bob', 21, 1),
('S0003', 'Charlie', 19, 2),
('S0004', 'David', 22, 2);

INSERT INTO course (course_no, course_name) VALUES
('S001', 'Physics'),
('S002', 'Math'),
('S003', 'English');

INSERT INTO enrollment (student_no, course_no, grade) VALUES
('S0001', 'S001', 85),
('S0002', 'S001', 90),
('S0003', 'S001', 78),
('S0004', 'S001', 88),
('S0001', 'S002', 82),
('S0002', 'S003', 75),
('S0003', 'S002', 92),
('S0004', 'S003', 80);
```

实现下列任务：

任务 1：采用带有比较运算符的子查询，查找 "C001" 班所有学生的学号和姓名。

任务 2：采用带有 IN 谓词的子查询，查询所有选修课程代号为 "S001" 的学生学号和成绩。

任务 3：采用带有 ALL 谓词的子查询，查找所有选修课程代号为 "S001" 的各教学班中成绩最高的学生的教学班号、学号和成绩。

任务 4：采用带有聚集函数的子查询，查找所有选修课程代号为 "S001" 的各教学班中成绩最高的学生学号和成绩。

任务 5：采用带有 ANY 谓词的子查询，查询所有比 "C001" 班某个学生年龄小的学生学号和学生姓名。

任务6：采用带有聚集函数的子查询，查询所有比"C001"班某个学生年龄都小的学生学号和学生姓名。

任务7：采用带有EXISTS谓词的子查询，查询所有选修课程代号为"S001"的学生学号和成绩。

任务8：使用UNION操作符查询选修了课程"数学"的学生姓名和选修了课程"英语"的学生姓名。

任务9：查询选修了课程"数学"但没有选修课程"英语"的学生姓名。

任务10：查询选修课程数量最多的学生姓名。

任务11：查询选修了所有课程的学生姓名。

任务12：查询至少选修了两门课程的学生姓名。

（3）实验步骤

①创建数据库和相关表，插入测试数据。

②按照实验任务编写SQL查询语句。

③执行查询语句，检查结果是否符合预期。

（4）分析与讨论

IN与EXISTS、UNION的适用场景。

课后习题

一、选择题

1.以下关于嵌套查询的说法，正确的是（　　　）。

　A.嵌套查询只能在WHERE子句中使用

　B.嵌套查询可以多层嵌套

　C.嵌套查询的结果不能作为表使用

　D.嵌套查询的性能一定比普通查询好

2.UNION操作符的作用是（　　　）。

　A.取两个查询结果的交集

　B.取两个查询结果的并集，去除重复记录

　C.取两个查询结果的差集

D. 取两个查询结果的并集，保留重复记录

3.在嵌套查询中，子查询可以返回（　　　）。

  A. 单个值   B. 一行数据

  C. 一列数据   D. 以上都可以

4.以下哪种情况不适合使用嵌套查询？（　　　）

  A. 根据子查询结果筛选数据

  B. 多表关联查询

  C. 数据量非常大的查询

  D. 查询结果需要进行集合操作

5.UNION ALL 操作符与 UNION 操作符的区别是（　　　）。

  A. UNION ALL 会去除重复记录，UNION 不会

  B. UNION ALL 不会去除重复记录，UNION 会

  C. UNION ALL 只能用于两个查询结果的合并，UNION 可以用于多个

  D. UNION ALL 的性能比 UNION 差

6.以下关于集合查询的说法，错误的是（　　　）。

  A. 集合查询可以对多个查询结果进行合并

  B. 集合查询的操作符有 UNION、UNION ALL、INTERSECT 和 EXCEPT

  C. 集合查询的结果一定是唯一的

  D. 集合查询可以提高查询效率

7.在嵌套查询中，子查询的执行顺序是（　　　）。

  A. 从外到内   B. 从内到外

  C. 随机执行   D. 同时执行

8.以下哪个操作符可以用于取两个查询结果的交集？（　　　）

  A. UNION   B. UNION ALL

  C. INTERSECT   D. EXCEPT

9.以下哪种情况适合使用集合查询？（　　　）

  A. 查询结果需要进行排序

  B. 查询结果需要进行分组

  C. 查询结果需要进行合并

  D. 查询结果需要进行筛选

10.在嵌套查询中，如果子查询返回多个值，外层查询可以使用（　　　）操作符来处理。

　　A. =　　　　　　　　B. >　　　　　　　　C. <　　　　　　　　D. IN

二、判断题

1.嵌套查询只能在 MySQL 中使用。　　　　　　　　　　　　　　　（　　）

2.UNION 操作符可以合并两个不同列数的查询结果。　　　　　　　（　　）

3.嵌套查询的性能一定比连接查询差。　　　　　　　　　　　　　（　　）

4.集合查询可以对多个查询结果进行交集、并集和差集操作。　　　（　　）

5.子查询的结果可以作为表使用。　　　　　　　　　　　　　　　（　　）

三、填空题

1.嵌套查询也称_____。

2.UNION 操作符会去除查询结果中的_____。

3.集合查询的操作符有 UNION、UNION ALL、INTERSECT 和_____。

4.在嵌套查询中，子查询的执行顺序是_____。

5.如果子查询返回多个值，外层查询可以使用_____操作符来处理。

四、问答题

1.请简述嵌套查询和集合查询的区别。

2.如何将>ALL（子查询）转换为使用聚集函数的形式？

五、综合设计题

假设你有一个电商系统，包含以下3张表：

products（产品表）：product_id（产品ID），product_name（产品名称），price（价格）

orders（订单表）：order_id（订单ID），customer_id（客户ID），order_date（订单日期）

order_items（订单项表）：order_item_id（订单项ID），order_id（订单ID），product_id（产品ID），quantity（数量）

请编写一个SQL查询，查询出购买了价格最高的产品的客户ID。

第9章

索　引

知识导览

[知识点]

①索引的定义与作用:索引是一种数据结构,用于提高数据库查询的速度,减少磁盘I/O操作。

②索引的类型:包括普通索引、唯一索引、主键索引、全文索引等。

③索引的创建与删除:使用 CREATE INDEX 和 DROP INDEX 语句进行操作。

④索引的使用场景:适用于经常用于查询条件、排序和连接的列。

⑤索引的优缺点:优点是提高查询速度,缺点是增加了存储开销和写操作的时间。

[重　点]

①不同类型索引的特点和适用场景:了解各种索引的区别,根据实际需求选择合适的索引类型。

②索引的创建和管理:掌握创建和删除索引的语法,以及如何查看索引信息。

[难　点]

①索引的优化:根据数据库的实际情况,合理设计索引,避免过多或不必要的索引。

②索引失效的原因和解决方法:分析索引失效的原因,并采取相应的措施来恢复索引的使用。

专业知识

9.1 内容概要

在 MySQL 中，索引是一种特殊的数据结构，它能够显著提升数据库的查询效率。

（1）索引的基本概念

索引就像是书籍的目录，能帮助数据库快速定位到所需的数据，而无须对整个数据表进行扫描。当你在数据库中执行查询操作时，如果数据表上有合适的索引，数据库系统可以直接通过索引找到满足条件的数据行，从而减少查询时间。

（2）索引的类型

1）普通索引

普通索引是最基本的索引类型，没有任何限制，主要用于提高查询效率。创建普通索引的语法如下：

```
-- 在创建表时创建普通索引
CREATE TABLE table_name (
    column1 datatype,
    column2 datatype,
    ...
    INDEX index_name (column1)
);

-- 在已存在的表上创建普通索引
CREATE INDEX index_name ON table_name (column1);

-- 使用 ALTER TABLE 语句创建普通索引
ALTER TABLE table_name ADD INDEX index_name (column1);
```

2）唯一索引

唯一索引要求索引列的值必须唯一，但允许有空值。如果在多个列上创建唯一索引，则这些列的组合值必须唯一。创建唯一索引的语法如下：

```
-- 在创建表时创建唯一索引
CREATE TABLE table_name (
    column1 datatype,
    column2 datatype,
    ...
    UNIQUE INDEX index_name (column1)
);

-- 在已存在的表上创建唯一索引
CREATE UNIQUE INDEX index_name ON table_name (column1);

-- 使用 ALTER TABLE 语句创建唯一索引
ALTER TABLE table_name ADD UNIQUE INDEX index_name (column1);
```

3)主键索引

主键索引是一种特殊的唯一索引,它不允许有空值。每个表只能有一个主键索引,通常在创建表时指定主键,数据库会自动创建主键索引。创建主键索引的语法如下:

```
-- 在创建表时指定主键索引
CREATE TABLE table_name (
    column1 datatype PRIMARY KEY,
    column2 datatype,
    ...
);

-- 在已存在的表上添加主键索引
ALTER TABLE table_name ADD PRIMARY KEY (column1);
```

4)全文索引

全文索引主要用于在文本类型的列上进行全文搜索。在 MySQL 中,只有 MyISAM 和 In-noDB 存储引擎支持全文索引,并且只有 CHAR、VARCHAR 和 TEXT 类型的列可以创建全文索引。创建全文索引的语法如下:

```
-- 在创建表时创建全文索引
CREATE TABLE table_name (
    column1 TEXT,
    ...
```

```
    FULLTEXT INDEX index_name (column1)
);


-- 在已存在的表上创建全文索引
CREATE FULLTEXT INDEX index_name ON table_name (column1);


-- 使用 ALTER TABLE 语句创建全文索引
ALTER TABLE table_name ADD FULLTEXT INDEX index_name (column1);
```

5) 组合索引

组合索引是在多个列上创建的索引。使用组合索引时，要遵循最左前缀原则，即查询条件要从索引的最左边列开始，并且不能跳过中间的列。创建组合索引的语法如下：

```
-- 在创建表时创建组合索引
CREATE TABLE table_name (
    column1 datatype,
    column2 datatype,
...
    INDEX index_name (column1, column2)
);


-- 在已存在的表上创建组合索引
CREATE INDEX index_name ON table_name (column1, column2);
-- 使用 ALTER TABLE 语句创建组合索引
ALTER TABLE table_name ADD INDEX index_name (column1, column2);
```

（3）索引的优点

①提高查询效率：通过索引，数据库可以快速定位到所需的数据，减少查询时间。

②保证数据的唯一性：唯一索引和主键索引可以保证索引列的值的唯一性。

③加速排序和分组操作：索引可以帮助数据库更快地进行排序和分组操作。

（4）索引的缺点

①占用存储空间：索引需要额外的存储空间来存储索引数据。

②降低数据更新效率：当对表中的数据进行插入、更新或删除操作时，数据库需要同时更新索引，这会降低数据更新的效率。

(5) 索引的使用建议

①选择合适的列创建索引：通常在经常用于查询条件、排序和分组的列上创建索引。

②避免创建过多的索引：过多的索引不仅会占用大量的存储空间，并且会降低数据更新的效率。

③定期维护索引：可以使用OPTIMIZE TABLE语句对表进行优化，以提高索引的性能。

(6) 查看和删除索引

查看索引：可以使用"SHOW INDEX FROM table_name;"语句查看表上的所有索引。

删除索引：可以使用"DROP INDEX index_name ON table_name;"语句删除指定的索引。

9.2 编程实验

(1) 实验目的

①掌握MySQL中不同类型索引的创建和使用方法。

②理解索引对查询性能的影响，学会分析查询性能。

③学会根据实际情况选择合适的索引类型，优化数据库查询。

(2) 实验任务

任务1：在学生表的student_name列上创建普通索引。

任务2：在课程表的course_name列上创建唯一索引。

任务3：在选课表的student_id和course_id列上创建复合索引。

任务4：在学生表的student_id列上创建主键索引（如果尚未创建）。

任务5：在学生表的email列上创建全文索引。

任务6：使用EXPLAIN分析一个简单的查询语句，查看索引的使用情况。

任务7：对比有索引和无索引情况下查询的执行时间。

任务8：优化一个复杂的查询语句，通过创建合适的索引来提高查询性能。

优化下列复杂查询：

```
SELECT s.student_name, c.course_name, e.grade
FROM students s
JOIN enrollments e ON s.student_id = e.student_id
JOIN courses c ON e.course_id = c.course_id
WHERE s.age > 18 AND c.course_name LIKE '数据库%';
```

任务9：删除之前创建的部分索引，观察对查询性能的影响。

（3）实验步骤

步骤1：创建数据库 student_course_system，并指定该数据库。

步骤2：创建3个表，即学生表 students、课程表 courses、选课表 nrollments，并插入数据。

步骤3：完成任务1—9。

（4）分析与讨论

①索引对查询性能的影响。

②索引失效的原因。

③复合索引的顺序。

 课后习题

一、选择题

1.以下哪种索引类型不允许重复值？（   ）

    A. 普通索引   B. 唯一索引

    C. 全文索引   D. 普通索引和全文索引

2.创建索引的语句是（   ）。

    A. CREATE TABLE   B. CREATE INDEX

    C. ALTER TABLE   D. DROP INDEX

3.下列哪种情况，索引会失效？（   ）

    A. 查询条件使用了索引列的函数

    B. 查询条件使用了索引列的等值比较

    C. 查询条件使用了索引列的范围查询

    D. 查询条件使用了索引列的排序

4.复合索引中，应该将（   ）的列放在前面。

    A. 数据量小

    B. 最常作为查询条件

    C. 数据类型简单

    D. 数据分布均匀

5.主键索引的特点是（   ）。

    A. 允许重复值

    B. 不允许重复值且唯一标识行

C. 只能用于整数列

D. 可以有多个主键索引

6. 全文索引适用于（　　　）。

　　A. 数值列　　　　　　　　　　　B. 日期列

　　C. 文本列　　　　　　　　　　　D. 所有列

7. 查看索引信息的语句是（　　　）。

　　A. SHOW INDEX

　　B. SHOW TABLES

　　C. SHOW COLUMNS

　　D. SHOW DATABASES

8. 删除索引的语句是（　　　）。

　　A. DROP TABLE

　　B. DROP INDEX

　　C. ALTER TABLE

　　D. CREATE INDEX

9. 索引可以提高（　　　）的性能。

　　A. 查询操作　　　　　　　　　　B. 插入操作

　　C. 更新操作　　　　　　　　　　D. 删除操作

10. 当查询条件使用LIKE '%abc' 时，索引（　　　）。

　　A. 一定生效　　　　　　　　　　B. 一定失效

　　C. 可能生效　　　　　　　　　　D. 与索引无关

二、判断题

1. 索引可以提高所有数据库操作的性能。　　　　　　　　　　　　　　（　　　）

2. 唯一索引允许有空值。　　　　　　　　　　　　　　　　　　　　　（　　　）

3. 复合索引的列顺序不影响查询性能。　　　　　　　　　　　　　　　（　　　）

4. 全文索引可以用于数值列的查询。　　　　　　　　　　　　　　　　（　　　）

5. 删除表时，表上的索引会自动删除。　　　　　　　　　　　　　　　（　　　）

三、填空题

1. 索引是一种＿＿＿＿＿＿＿结构，用于提高数据库查询的速度。

2. 常见的索引类型有普通索引、唯一索引、主键索引和＿＿＿＿＿＿＿。

3. 创建索引使用＿＿＿＿＿＿＿语句，删除索引使用＿＿＿＿＿＿＿语句。

4. 复合索引中，最常作为查询条件的列应该放在＿＿＿＿＿＿＿。

5. 索引可以提高＿＿＿＿＿＿＿操作的性能，但会增加＿＿＿＿＿＿＿操作的开销。

四、问答题

1.简述索引的优缺点。

2.分析索引失效的常见原因。

五、综合设计题

为一个电商系统的订单表设计合适的索引，订单表结构如下：

```
CREATE TABLE orders (
    order_id INT PRIMARY KEY AUTO_INCREMENT,
    user_id INT,
    product_id INT,
    order_date DATE,
    order_amount DECIMAL(10, 2),
    payment_status ENUM('未支付', '已支付', '已退款')
);
```

①由于经常需要根据用户 ID 查询订单，请在 user_id 列上创建普通索引。

②若经常根据订单日期进行范围查询（如查询某段时间内的订单），请在 order_date 列上创建索引。

③若经常根据支付状态和订单日期进行联合查询，请创建复合索引。

第*10*章

视　图

[知识点]

①视图概念:视图是虚拟表,它基于SQL查询定义,不实际存储数据,数据来源于基表。通过视图可以简化数据查询,提高数据安全性和逻辑独立性。

②视图创建:使用 CREATE VIEW 语句,可基于单表或多表查询创建视图,例如 CREATE VIEW view_name AS SELECT column1, column2 FROM table_name WHERE condition。

③视图查询:视图可像普通表一样用于SELECT查询,方便用户获取所需数据。

④视图修改与删除:用 ALTER VIEW 语句修改视图定义,用 DROP VIEW 语句删除视图。

⑤视图更新:部分视图可更新,但有一定条件限制,如基于单表且无聚合函数等的简单视图通常可更新。

[重 点]

①掌握视图的创建、查询、修改和删除操作。

②明确视图更新的规则和条件。

[难 点]

设计复杂视图,特别是涉及多表连接、子查询和聚合函数的视图。

专业知识

10.1 内容概要

视图是从一个或几个基本表(或视图)导出的表,是一个虚表,数据库中只存放视图的定义,而不存放视图对应的数据。基本表中的数据发生变化,从视图中查询出的数据也随之改变。视图一经定义,就可以和基本表一样被查询、删除,但对视图的更新操作有一定的限制。

(1)定义视图

1)创建视图

使用CREATE VIEW语句来创建视图,基本语法如下:

```
CREATE VIEW 视图名(字段列表)
AS
SELECT 列名
FROM 表名
WHERE 筛选条件
WITH [CASCADED | LOCAL] CHECK OPTION ;
```

创建视图时需注意以下几点:

第一,组成视图的字段列表可以全部省略或全部指定,当全部省略时,由子查询中SELECT目标列中的诸字段组成。但当某个目标列是聚集函数或列表达式、多表连接时选出同名列,或需要在视图中为某个列启用新的名字时,须明确指定组成视图的所有列名。

第二,子查询通常不允许含有ORDER BY子句和DISTINCT。

第三，WITH CHECK OPTION 为可选参数，表示更新数据行必须满足视图定义的 WHERE 条件约束。CASCADED 表示更新视图时，要满足所有相关视图和表的条件，该参数为默认值；LOCAL 表示更新视图时，要满足该视图本身的定义条件即可。

2) 修改视图定义

当基本表的某些字段发生改变时，可以通过修改视图来保持视图和基本表之间的一致。MySQL 中通过 CREATE OR REPLACE VIEW 语句或者 ALTER VIEW 语句来修改视图。基本语法如下：

```
CREATE OR REPLACE VIEW 视图名(字段列表)
AS
SELECT 语句
WITH [CASCADED | LOCAL] CHECK OPTION ;
ALTER VIEW 视图名(字段列表)
AS
SELECT 语句
WITH [CASCADED | LOCAL] CHECK OPTION ;
```

3) 删除视图

在 MySQL 中，DROP VIEW 语句用于删除一个已存在的视图。删除视图不会影响底层表的数据，只会移除视图的定义。删除视图前请确保没有其他数据库对象依赖于该视图，以免影响系统的正常运行。基本语法如下：

```
DROP VIEW view_name;
```

(2) 查询视图

视图定义后，用户可以像对基本表一样，对视图进行查询。基本语法如下：

```
SELECT 目标列
FROM 视图名
WHERE 查询条件;
```

数据库管理系统（DBMS）在执行针对视图的查询时，将视图的定义与用户对视图执行的查询结合起来，生成一个针对基础表的最终查询，该过程被称为视图消解。视图消解过程自动且透明，用户无须直接操作基础表，只需通过视图进行数据访问。

视图消解过程中 DBMS 首先会解析该视图的定义，将用户提交的查询与视图的定义相结合，把用户查询中的条件、选择列等信息融入视图的 SELECT 语句中，形成一个新的查询；然后被 MySQL 的查询优化器进一步处理，以找到最优的执行计划；最后执行这个查询来获取结果。

当视图定义中使用了聚合函数、DISTINCT 去除重复记录、GROUP BY 和 HAVING 子句、联合查询、嵌套较深的子查询、包含复杂的表达式计算等情况，从而导致视图查询无法能被有效地消解或转换为对基础表的操作。

例如，创建用于获取每个学生高于自己平均成绩的课程信息的视图。

```
CREATE VIEW above_avg_score_view AS
SELECT s.student_id, s.name, sc.course_id, sc.score
FROM students s
JOIN scores sc ON s.student_id = sc.student_id
WHERE sc.score >
    (
        SELECT AVG(score)
        FROM scores
        WHERE student_id = s.student_id
    )
GROUP BY s.student_id, s.name, sc.course_id, sc.score;
```

若查询该视图：

```
SELECT * FROM above_avg_score_view;
```

由于视图逻辑过于复杂，数据库可能无法有效地将视图查询转换为对基础表的操作，当尝试查询这个视图时可能会出现查询超时、资源耗尽或者数据库无法解析查询等情况，会导致查询不成功。

（3）更新视图

视图的更新操作包括插入（INSERT）、修改（UPDATE）和删除（DELETE），其基本语法和基本表的更新操作一样，但视图的更新操作具体取决于视图的定义和结构。

视图是虚表，对视图的更新也要通过视图消解转换为对基本表的更新。为了防止用户通过视图对数据进行更新时，对不属于视图范围内的基本表数据进行操作，可在定义视图时加上WITH CHECK OPTION子句，使得通过视图的更新后能通过该视图看到更新后的结果。

视图无法执行更新操作的情况有：

①当视图定义中包含聚集函数、GROUP BY子句、DISTINCT关键字、列的定义为表达式、表中非空的列在视图定义中未包括中元素之一时不能使用INSERT。

②当视图定义中包含聚集函数、GROUP BY子句、DISTINCT关键字、列的定义为表达式元素之一时不能使用UPDATE。

③当视图定义中包含聚集函数、GROUP BY子句、DISTINCT关键字元素之一时不能使用DELETE。

例如，创建一个计算学生平均年龄的视图。

```
CREATE VIEW student_avg_age_view AS
SELECT AVG(age) AS avg_age
FROM students;
```

若尝试更新该视图：

```
UPDATE student_avg_age_view
SET avg_age = 25;
```

则上述代码创建的学生平均年龄的视图 student_avg_age_view，由于使用了聚合函数 AVG，该视图不可更新，因此对其进行更新操作会报错。

通过视图，可以将复杂的 SQL 查询（如多表连接、子查询）封装起来，使得前端应用或最终用户能够以更加简单的方式进行查询；可以限制用户只能访问特定的数据列或行，而不需要直接接触底层表，从而增加了安全性；可以为应用程序提供了一定程度的数据抽象，即使底层表结构发生变化，只要视图定义更新得当，不会影响使用视图的应用程序，从而实现数据独立性。

10.2　编程实验

（1）实验目的

①熟练掌握 MySQL 中视图的创建、查询、修改和删除操作。

②理解视图在学生选课系统中的应用，如简化选课信息查询、保障学生成绩数据安全等。

③学会分析视图的更新规则，判断哪些视图可更新，哪些不可更新。

（2）实验任务

任务 1：创建学生表 students，包含字段 student_id（学生编号，主键）、student_name（学生姓名）、age（学生年龄）。

任务 2：创建课程表 courses，包含字段 course_id（课程编号，主键）、course_name（课程名称）、teacher（授课教师）。

任务 3：创建选课表 enrollments，包含字段 enrollment_id（选课编号，主键）、student_id（学生编号，外键关联 students 表）、course_id（课程编号，外键关联 courses 表）、score（成绩）。

任务 4：创建一个简单视图 student_basic_info，查询学生的基本信息（学生编号、姓名、年龄）。

任务 5：创建一个复杂视图 student_course_info，查询学生的选课信息（学生姓名、课程名称、成绩）。

任务 6：查询 student_basic_info 视图，查看学生基本信息。

任务 7：查询 student_course_info 视图，查看学生选课信息。

任务 8：修改 student_basic_info 视图，添加学生所在班级字段（假设班级信息存储在 classes 表中）。

任务 9：更新 student_course_info 视图中的成绩信息。

（3）实验步骤

步骤 1：根据任务 1、2、3 创建学生表、课程表、选课表。

步骤 2：在学生表、课程表、选课表中添加数据。

步骤 3：任务 4—9 中视图的创建、查询、修改。

（4）分析与讨论

①视图更新规则。

②视图的性能。

课后习题

一、选择题

1.视图是（　　　　）。

   A. 真实存在的表　　　　　　　　B. 虚拟表

   C. 存储过程　　　　　　　　　　D. 触发器

2.创建视图使用的关键字是（　　　　）。

   A. CREATE TABLE

   B. CREATE VIEW

   C. CREATE PROCEDURE

   D. CREATE TRIGGER

3.视图的主要作用不包括（　　　）。

   A. 简化查询

   B. 提高数据安全性

   C. 增加数据存储量

   D. 增强逻辑独立性

4.若视图定义包含聚合函数，该视图（　　　）。

   A. 一定可以更新　　　　　　　　B. 一定不可以更新

   C. 可能可以更新　　　　　　　　D. 以上都不对

5.修改视图定义，使用（　　　）语句。

　　A. ALTER TABLE

　　B. ALTER VIEW

　　C. UPDATE VIEW

　　D. DELETE VIEW

6.以下哪种视图通常可以更新？（　　　）

　　A. 基于多表连接的视图

　　B. 包含聚合函数的视图

　　C. 基于单表的简单视图

　　D. 包含子查询的视图

7.删除视图，使用（　　　）语句。

　　A. DROP TABLE

　　B. DROP VIEW

　　C. DELETE VIEW

　　D. TRUNCATE VIEW

8.视图的数据来源于（　　　）。

　　A. 视图本身　　　　　　　　　　B. 基表

　　C. 存储过程　　　　　　　　　　D. 触发器

9.一个视图可以基于（　　　）个基本表创建。

　　A. 1　　　　　　　　　　　　　B. 多

　　C. 0　　　　　　　　　　　　　D. 1 或多

10.在创建视图时，以下哪个子句不能在视图定义中使用？（　　　）

　　A. WHERE

　　B. ORDER BY

　　C. GROUP BY

　　D. HAVING

二、判断题

1.视图是物理存储的表。　　　　　　　　　　　　　　　　　　　　　　（　　）

2.可以像查询普通表一样查询视图。　　　　　　　　　　　　　　　　　（　　）

3.视图的创建会影响基表的数据。　　　　　　　　　　　　　　　　　　（　　）

4.所有视图都可以更新。　　　　　　　　　　　　　　　　　　　　　　（　　）

5.删除视图会同时删除基表的数据。　　　　　　　　　　　　　　　　　（　　）

三、填空题

1.视图是基于 SQL 查询从一个或多个＿＿＿＿＿＿中导出的虚拟表。

2.创建视图使用的关键字是＿＿＿＿＿＿。

3.修改视图定义使用的语句是_____。

4.删除视图使用的语句是_____。

5.视图可以提高数据的_____和增强逻辑独立性。

四、问答题

1.简述视图的作用。

2.说明视图更新的条件。

五、综合设计题

在学生选课系统中，设计一个视图，查询每个学生的选课数量和平均成绩，只显示选课数量大于 2 门的学生信息。

第11章

存储过程

知识导览

[知识点]

①存储过程的定义：预编译的SQL语句集合，封装复杂的业务逻辑。

②参数类型：IN（输入）、OUT（输出）、INOUT（输入输出）。

③语法结构：CREATE PROCEDURE、CALL、DELIMITER 的使用。

[重　点]

①参数类型的区别与应用场景：明确 IN、OUT、INOUT 参数的适用场景。

②存储过程的创建与调用：掌握 CREATE PROCEDURE 和 CALL 的语法。

[难　点]

①OUT 参数与返回值的设计。

②调试存储过程的技巧。

专业知识

11.1　内容概要

在 MySQL 中，存储过程是一种预编译的数据库对象，它允许将一系列 SQL 语句封装在一个执行单元中，经过编译后存储在数据库服务器端，用户可以通过指定存储过程的名字并给出参数（如果该存储过程带有参数）来调用执行它。通过使用存储过程，可以简化复杂的操作、提高性能、增强安全性以及实现代码复用。

（1）创建存储过程

创建存储过程使用 CREATE PROCEDURE 语句，基本语法如下：

```
DELIMITER //
CREATE PROCEDURE 存储过程名([参数列表])
BEGIN
    -- SQL 语句
END //
DELIMITER ;
```

如创建一个简单的存储过程，用于查询学生表中的所有记录。

```
DELIMITER //
CREATE PROCEDURE get_all_students()
BEGIN
    SELECT * FROM students;
END //
DELIMITER ;
```

其中：

1）DELIMITER

DELIMITER 用于改变语句结束符，因为存储过程体中可能包含多个 SQL 语句，默认的分号（;）会导致存储过程提前结束，所以先将结束符改为"//"，创建完成后再改回";"。

2）BEGIN 和 END

BEGIN 和 END 用于界定存储过程的主体。

3)参数列表

参数列表为可选参数列表，参数类型可以是 IN（输入参数）、OUT（输出参数）、INOUT（输入输出参数）。

①IN参数（输入参数）：

用于向存储过程传递数据，在存储过程内部可以使用该参数，但不能修改其值。

如创建一个存储过程名为 get_students_by_age，其功能是依据输入的年龄参数来查询 students 表中对应年龄的学生信息。

创建该存储过程：

```
DELIMITER //
CREATE PROCEDURE get_students_by_age(IN age_input INT)
BEGIN
    SELECT * FROM students WHERE age = age_input;
END //
DELIMITER ;
```

若调用该存储过程：

```
CALL get_students_by_age(20);
```

则调用会查询 students 表中年龄为 20 的所有学生信息。

②OUT参数（输出参数）：

用于从存储过程中返回数据，在存储过程内部可以修改其值。

如创建一个名为 get_student_count 的存储过程，其作用是统计 students 表中的学生数量，并且把结果存于输出参数 count_output 里。

创建该存储过程：

```
DELIMITER //
CREATE PROCEDURE get_student_count(OUT count_output INT)
BEGIN
    SELECT COUNT(*) INTO count_output FROM students;
END //
DELIMITER ;
```

若调用该存储过程并获取输出结果：

```
SET @student_count = 0;
CALL get_student_count(@student_count);
SELECT @student_count;
```

则先定义了一个用户变量@student_count，接着调用get_student_count存储过程，把结果存入该变量，最后查询该变量的值，从而得到students表中的学生数量。

③INOUT参数（输入输出参数）：

既可以作为输入参数传递数据给存储过程，又可以在存储过程内部修改其值并返回。

如创建一个名为increase_age的存储过程，其功能是将传入的年龄参数加1后又存于年龄参数age_input里。

创建该存储过程：

```
DELIMITER //
CREATE PROCEDURE increase_age(INOUT age_input INT)
BEGIN
    SET age_input = age_input + 1;
END //
DELIMITER ;
```

若调用该存储过程：

```
SET @current_age = 20;
CALL increase_age(@current_age);
SELECT @current_age;
```

则先定义了一个用户变量@current_age并初始化为20，然后调用存储过程increase_age，最后查询该变量的值，@current_age的值为21。

（2）修改与删除存储过程

在MySQL中，通常先删除原存储过程，再重新创建新的存储过程。删除存储过程语法如下：

```
DROP PROCEDURE IF EXISTS 存储过程名;
```

（3）查看存储过程信息

在MySQL里，可以使用SHOW CREATE PROCEDURE语句查看存储过程的定义。语法如下：

```
SHOW CREATE PROCEDURE 存储过程名;
```

执行该语句后，会返回一个结果集，其中包含存储过程的名称、创建语句等信息。

（4）存储过程中的流程控制语句

MySQL支持多种控制流语句，如IF、CASE、LOOP、WHILE等，这些语句可以让存储过程根据不同的条件执行不同的逻辑。

　　1)IF 语句

IF 语句用于条件判断。

　　如创建一个名为 check_age 的存储过程，该存储过程接收一个整数类型的输入参数 age_input，然后根据该参数的值判断是"成年人"还是"未成年人"，并输出相应的结果，其创建语句为：

```
DELIMITER //
CREATE PROCEDURE check_age(IN age_input INT)
BEGIN
    IF age_input >= 18 THEN
        SELECT '成年人';
    ELSE
        SELECT '未成年人';
    END IF;
END //
DELIMITER ;
```

　　若调用该存储过程为：

```
CALL check_age(20);
CALL check_age(15);
```

　　则第一个调用会输出"成年人"，第二个调用会输出"未成年人"。

　　2)CASE 语句

CASE 语句用于多条件判断。

　　如创建了一个名为 get_grade 的存储过程，该存储过程根据输入的分数 score 来返回对应的等级，其创建语句为：

```
DELIMITER //
CREATE PROCEDURE get_grade(IN score INT)
BEGIN
    CASE
        WHEN score >= 90 THEN
            SELECT 'A';
        WHEN score >= 80 THEN
            SELECT 'B';
        WHEN score >= 70 THEN
```

```
        SELECT 'C';
        WHEN score >= 60 THEN
            SELECT 'D';
        ELSE
            SELECT 'F';
    END CASE;
END //
DELIMITER ;
```

若调用该存储过程：

```
CALL get_grade(85);
```

则调用会根据输入的分数85，返回对应的等级B。

3)LOOP语句

LOOP用于循环执行SQL语句。

如创建一个名为loop_example的存储过程，该存储过程没有输入输出参数，变量counter初始值为1，若counter不大于5，则counter值增加1，否则使用LEAVE语句跳出my_loop循环。

```
DELIMITER //
CREATE PROCEDURE loop_example()
BEGIN
    DECLARE counter INT DEFAULT 1;
    my_loop: LOOP
        IF counter > 5 THEN
            LEAVE my_loop;
        END IF;
        SELECT counter;
        SET counter = counter + 1;
    END LOOP my_loop;
END //
DELIMITER ;
```

若调用该存储过程：

```
CALL loop_example();
```

调用该存储过程后，会依次输出1到5的整数。

11.2　编程实验

（1）实验目的

①掌握存储过程的创建与调用。

②理解 IN、OUT、INOUT 参数的区别。

③实现学生选课系统中的业务逻辑。

（2）实验任务

假设有以下 3 个表：

```
-- 学生表
CREATE TABLE students (
    student_id INT PRIMARY KEY,
    student_name VARCHAR(50),
    major VARCHAR(50)
);

-- 课程表
CREATE TABLE courses (
    course_id INT PRIMARY KEY,
    course_name VARCHAR(100),
    instructor VARCHAR(50),
    credits INT
);

-- 选课表
CREATE TABLE enrollments (
    enrollment_id INT AUTO_INCREMENT PRIMARY KEY,
    student_id INT,
    course_id INT,
    grade DECIMAL(5, 2),
    FOREIGN KEY (student_id) REFERENCES students(student_id),
    FOREIGN KEY (course_id) REFERENCES courses(course_id)
);
```

任务1：创建一个存储过程，用于插入新学生信息。

任务2：创建一个存储过程，用于插入新课程信息。

任务3：创建一个存储过程，用于学生选课。

任务4：创建一个存储过程，用于更新学生成绩。

任务5：创建一个存储过程，用于删除学生选课记录。

任务6：创建一个存储过程，用于查询某个学生所选的所有课程。

任务7：创建一个存储过程，用于查询某门课程的所有选课学生。

任务8：创建一个存储过程，用于统计某门课程的选课人数。

任务9：创建一个存储过程，用于计算某个学生的平均成绩。

任务10：创建一个存储过程，用于判断某个学生是否已经选了某门课程。

（3）实验步骤

步骤1：创建上述3个表（学生表、课程表、选课表）。

步骤2：依次创建上述10个存储过程。

步骤3：调用存储过程进行测试，依次完成实验任务。

（4）分析与讨论

存储过程的优点和缺点。

课后习题

一、选择题

1.以下关于存储过程的说法，正确的是（　　　）。

　A.存储过程只能在创建时执行一次

　B.存储过程不能接受参数

　C.存储过程可以提高数据库的性能

　D.存储过程必须使用SQL语言编写

2.在MySQL中，创建存储过程使用的关键字是（　　　）。

　A. CREATE FUNCTION

　B. CREATE PROCEDURE

　C. CREATE TRIGGER

　D. CREATE VIEW

3.存储过程的参数类型不包括（　　　）。

　A. IN　　　　　　　B. OUT　　　　　　　C. INOUT　　　　　　　D. ALL

4.以下适合（　　　）使用存储过程。

  A. 简单的查询操作

  B. 复杂的业务逻辑处理

  C. 频繁的数据插入操作

  D. 数据的备份和恢复

5.在存储过程中，使用 DELIMITER 关键字的作用是（　　　）。

  A. 定义存储过程的参数

  B. 定义存储过程的返回值

  C. 改变语句分隔符

  D. 定义存储过程的执行权限

6.若要删除一个存储过程，应该使用的语句是（　　　）。

  A. DROP FUNCTION

  B. DROP PROCEDURE

  C. DROP TRIGGER

  D. DROP VIEW

7.存储过程可以包含（　　　）语句。

  A. SELECT 语句   B. INSERT 语句

  C. UPDATE 语句   D. 以上都可以

8.以下关于存储过程的调用，正确的是（　　　）。

  A. 直接使用存储过程名调用

  B. 使用 CALL 关键字调用

  C. 使用 EXEC 关键字调用

  D. 使用 RUN 关键字调用

9.存储过程中的 OUT 参数用于（　　　）。

  A. 传递输入值

  B. 传递输出值

  C. 传递输入输出值

  D. 以上都不是

10.在存储过程中，使用 IF 语句可以实现（　　　）。

  A. 循环控制   B. 条件判断

  C. 异常处理   D. 数据查询

二、判断题

1.存储过程可以在不同的数据库系统中通用。　　　　　　　　　　　（　　）

2.存储过程可以接受多个参数。　　　　　　　　　　　　　　　　　（　　）

3.存储过程只能返回一个值。　　　　　　　　　　　　　　　　　　（　　）

4.存储过程可以提高数据库的安全性。　　　　　　　　　　　　　　（　　）

5.存储过程一旦创建就不能修改。　　　　　　　　　　　　　　　　（　　）

三、填空题

1.存储过程是一组为了完成特定功能的＿＿＿＿＿＿语句集。

2.在 MySQL 中，使用＿＿＿＿＿＿关键字创建存储过程。

3.存储过程的参数类型包括 IN、OUT 和＿＿＿＿＿＿。

4.使用＿＿＿＿＿＿关键字调用存储过程。

5.存储过程可以包含各种 SQL 语句，如 SELECT、INSERT、UPDATE 和＿＿＿＿＿＿。

四、问答题

1.简述存储过程的优点和缺点。

2.如何在存储过程中处理异常？

五、综合设计题

设计一个存储过程，实现学生选课功能，要求：

①检查学生是否已选该课程（IN参数：学生ID、课程ID）。

②若未选课，插入选课记录并返回成功信息（OUT参数）。

③若已选课，返回错误信息。

第12章

触发器

知识导览

[知识点]

①触发器定义:当表上发生特定事件(INSERT、UPDATE、DELETE)时,自动执行存储程序。

②触发时机:BEFORE(操作前)和 AFTER(操作后)。

③触发事件:INSERT、UPDATE、DELETE。

④虚拟表:NEW(新数据)和 OLD(旧数据)的使用。

⑤业务规则实现:数据完整性校验、冗余数据更新和操作日志记录。

[重 点]

①触发器创建语法:CREATE TRIGGER 的参数与结构。

②虚拟表 NEW 和 OLD:在不同事件中的访问权限。

[难 点]

①触发器与事务的关系:错误处理与回滚机制。

②性能优化:高并发场景下的触发器设计。

12.1　内容概要

MySQL 触发器是与表相关的数据库对象，当表上发生特定事件（如 INSERT、UPDATE 或 DELETE 操作）时，触发器会自动执行相应的 SQL 语句，可以用于实现数据的完整性约束、记录日志、自动更新相关数据等功能。

（1）定义触发器

1）创建触发器

使用 CREATE TRIGGER 语句创建触发器，基本语法如下：

```
CREATE TRIGGER 触发器名
{BEFORE | AFTER} {INSERT | UPDATE | DELETE} ON 表名
FOR EACH ROW
BEGIN
    -- 触发器要执行的 SQL 语句
END;
```

其中：

BEFORE 或 AFTER：指定触发器的执行时间，BEFORE 表示在触发事件执行之前执行触发器，AFTER 表示在触发事件执行之后执行触发器。

INSERT、UPDATE 或 DELETE：指定触发事件，也就是在表上进行何种操作时会触发该触发器。

FOR EACH ROW：表示触发器会对每一行受影响的数据执行一次。

例如，创建一个限制学生选课数量的触发器 limit_sc_count，在向 sc 表插入新记录时，对每个学生选课数量进行限制，确保每个学生最多只能选 3 门课程。

```
DELIMITER //

CREATE TRIGGER limit_sc_count
BEFORE INSERT ON sc
FOR EACH ROW
BEGIN
```

```
    DECLARE course_count INT;
    SELECT COUNT(*) INTO course_count
    FROM sc
    WHERE student_id = NEW.student_id;
    IF course_count >= 3 THEN
        SIGNAL SQLSTATE '45000'
        SET MESSAGE_TEXT = 'A student can enroll in a maximum of 3
courses.';
    END IF;
END //

DELIMITER ;
```

其中SIGNAL语句用于抛出一个自定义的SQL错误，SQLSTATE '45000'表示用户自定义的异常状态，MESSAGE_TEXT是错误信息。

2) 查看触发器

在 MySQL 中，可以通过不同的方式来查看触发器的相关信息，包含触发器的名称、关联的表、触发时间（BEFORE 或 AFTER）、触发事件（INSERT、UPDATE、DELETE）、执行的SQL语句等信息。

①information_schema.TRIGGERS：用于查看数据库中所有触发器的详细信息，基本语法如下：

```
SELECT *
FROM information_schema.TRIGGERS
WHERE TRIGGER_SCHEMA =数据库名;
```

②SHOW TRIGGERS：用于查看已定义的触发器信息，基本语法如下：

```
SHOW TRIGGERS;
```

③SHOW CREATE TRIGGER：用于查看特定触发器的详细创建语句，基本语法如下：

```
SHOW CREATE TRIGGER 触发器名;
```

3) 删除触发器

使用DROP TRIGGER语句移除某个触发器，基本语法如下：

```
DROP TRIGGER IF EXISTS 触发器名;
```

(2) 触发器类型

在 MySQL 里，触发器依据触发事件和触发时间来分类，其分类及作用见表 12-1。

表 12-1　触发器类型及作用

触发器类型	作用
BEFORE INSERT	记录日志或更新相关数据
AFTER INSERT	数据验证和预处理
BEFORE UPDATE	检查更新数据的合法性
AFTER UPDATE	同步相关数据或记录变更
BEFORE DELETE	检查删除操作的合法性
AFTER DELETE	记录删除日志

(3) 触发器的虚拟表

在触发器执行期间，数据库系统会创建两个特殊的虚拟表 NEW 表和 OLD 表，用于临时存储与触发事件相关的数据。借助这两个虚拟表，触发器能够访问和操作触发事件前后的数据，进而实现数据验证、日志记录等功能，有助于维护系统的数据完整性和可追溯性。

1) NEW 关键字

NEW 关键字可在 INSERT 和 UPDATE 触发器中使用，它代表新插入或更新后的数据。

例如，创建一个 AFTER INSERT 触发器，当向 sc 表插入新的选课记录时，记录选课信息到日志表 sc_logs。

```
CREATE TABLE sc_logs
(
    log_id INT AUTO_INCREMENT PRIMARY KEY,
    enrollment_id INT,
    student_id INT,
    course_id INT,
    action VARCHAR(20),
    log_time TIMESTAMP DEFAULT CURRENT_TIMESTAMP
);


DELIMITER //
CREATE TRIGGER log_sc_insert
AFTER INSERT ON sc
```

```
FOR EACH ROW
BEGIN
    INSERT INTO sc_logs(sc_id, student_id, course_id, action)
    VALUES (NEW.sc_id, NEW.student_id, NEW.course_id, 'INSERT');
END //
DELIMITER ;
```

其中 NEW.sc_id、NEW.student_id 和 NEW.course_id 分别代表新插入选课记录的 sc_id、student_id 和 course_id。当向 sc 表插入新记录时，这些新值会被记录到 sc_logs 表中。

2) OLD 关键字

OLD 关键字能在 UPDATE 和 DELETE 触发器中使用，它代表更新前或删除前的数据。

例如，创建一个 AFTER DELETE 触发器，当删除学生记录时，将被删除的学生信息记录到 student_logs 表中。

```
CREATE TABLE student_logs
(
    log_id INT AUTO_INCREMENT PRIMARY KEY,
    student_id INT,
    old_name VARCHAR(50),
    new_name VARCHAR(50),
    old_age INT,
    new_age INT,
    old_major VARCHAR(50),
    new_major VARCHAR(50),
    action VARCHAR(20),
    log_time TIMESTAMP DEFAULT CURRENT_TIMESTAMP
);

DELIMITER //
CREATE TRIGGER log_student_update
AFTER UPDATE ON students
FOR EACH ROW
BEGIN
    INSERT  INTO  student_logs  (student_id,  old_name,  new_name,
old_age, new_age, old_major, new_major, action)
    VALUES (OLD.student_id, OLD.student_name, NEW.student_name, OLD.
```

```
age, NEW.age, OLD.major, NEW.major, 'UPDATE');
END //
DELIMITER ;
```

其中 OLD.student_id、OLD.student_name、OLD.age 和 OLD.major 分别代表删除前学生记录的 student_id、student_name、age 和 major 值。当从 students 表中删除记录时，这些旧值会被记录到 student_logs 表中。

12.2　编程实验

（1）实验目的

①掌握触发器的创建与触发机制。

②理解 NEW 和 OLD 关键字的使用场景。

③实现学生选课系统中的自动化规则。

（2）实验任务

任务 1：创建一个 AFTER INSERT 触发器，当向选课表插入新记录时，自动更新学生表中的选课数量。

任务 2：创建一个 BEFORE UPDATE 触发器，在更新课程表的课程学分时，检查新的学分是否大于 0，如果不满足条件则阻止更新。

任务 3：创建一个 AFTER DELETE 触发器，当从选课表删除记录时，自动更新学生表中的选课数量。

任务 4：创建一个 BEFORE INSERT 触发器，在向选课表插入记录时，检查该学生是否已经选了该课程，如果已经选了则阻止插入。

任务 5：创建一个 AFTER UPDATE 触发器，当更新选课表中的成绩时，自动更新学生表中的平均成绩。

任务 6：创建一个 BEFORE DELETE 触发器，在删除学生表中的记录时，先删除该学生在选课表中的所有记录。

任务 7：创建一个 AFTER INSERT 触发器，记录所有插入选课表中的记录到日志表中。

任务 8：创建一个 BEFORE UPDATE 触发器，在更新学生表的学生姓名时，将原姓名和新姓名记录到日志表中。

任务 9：创建一个 AFTER DELETE 触发器，记录所有从课程表中删除的课程信息到日志表中。

任务 10：创建一个 BEFORE INSERT 触发器，在向学生表插入记录时，检查学生的年龄是否为 15~30 岁，如果不在此范围则阻止插入。

（3）实验步骤

步骤 1：创建数据库、表及日志表。

```
-- 创建数据库
CREATE DATABASE student_course_system;
USE student_course_system;

-- 创建学生表
CREATE TABLE students (
    student_id INT PRIMARY KEY AUTO_INCREMENT,
    student_name VARCHAR(50),
    age INT,
    course_count INT DEFAULT 0,
    average_grade DECIMAL(5, 2) DEFAULT 0
);

-- 创建课程表
CREATE TABLE courses (
    course_id INT PRIMARY KEY AUTO_INCREMENT,
    course_name VARCHAR(100),
    credits INT
);

-- 创建选课表
CREATE TABLE sc (
    enrollment_id INT PRIMARY KEY AUTO_INCREMENT,
    student_id INT,
    course_id INT,
    grade DECIMAL(5, 2),
    FOREIGN KEY (student_id) REFERENCES students(student_id),
    FOREIGN KEY (course_id) REFERENCES courses(course_id)
);
```

```
-- 创建日志表
CREATE TABLE logs (
    log_id INT PRIMARY KEY AUTO_INCREMENT,
    event_type VARCHAR(20),
    log_message TEXT,
    log_time TIMESTAMP DEFAULT CURRENT_TIMESTAMP
);
```

步骤2：完成任务1～10。

（4）分析与讨论

①触发时机选择。

②虚拟表的限制。

课后习题

一、选择题

1.触发器的触发时机不包括（　　　）。

A. BEFORE INSERT

B. AFTER UPDATE

C. INSTEAD OF DELETE

D. BEFORE UPDATE

2.在UPDATE事件的触发器中，OLD表存储的是（　　　）。

A. 更新前的数据

B. 更新后的数据

C. 新插入的数据

D. 即将删除的数据

3.以下关于触发器的说法，错误的是（　　　）。

A. 触发器可以在多个表上同时触发

B. 触发器可以在特定事件发生时自动执行

C. 触发器可以使用NEW和OLD虚拟表

D. 触发器可以用于实现数据完整性约束

4. 创建触发器的关键字是（　　　）。

　　A. CREATE TABLE

　　B. CREATE INDEX

　　C. CREATE TRIGGER

　　D. CREATE VIEW

5. 在 AFTER INSERT 触发器中，可以使用（　　　）虚拟表。

　　A. OLD

　　B. NEW

　　C. 两者都可以

　　D. 两者都不可以

6. 当需要在插入数据前进行数据验证时，应该使用（　　　）触发器。

　　A. BEFORE INSERT

　　B. AFTER INSERT

　　C. BEFORE UPDATE

　　D. AFTER UPDATE

7. （　　　）不会触发触发器。

　　A. 插入数据

　　B. 更新数据

　　C. 查询数据

　　D. 删除数据

8. 触发器的执行是（　　　）。

　　A. 手动的

　　B. 自动的

　　C. 随机的

　　D. 按用户指定的时间执行

9. 在 BEFORE DELETE 触发器中，可以使用（　　　）虚拟表。

　　A. OLD

　　B. NEW

　　C. 两者都可以

　　D. 两者都不可以

10.触发器最多可以关联（　　　）个表。

    A. 1   B. 2

    C. 3   D. 任意

二、判断题

1.触发器可以在数据库服务器重启后自动执行。   （　　　）

2.在 AFTER UPDATE 触发器中，可以修改 OLD 表的数据。   （　　　）

3.触发器可以用于记录数据库操作的日志。   （　　　）

4.一个表上可以同时存在多个 BEFORE INSERT 触发器。   （　　　）

5.触发器的执行不会影响数据库的性能。   （　　　）

三、填空题

1.触发器的触发事件包括 INSERT、UPDATE 和＿＿＿＿＿＿＿。

2.在 UPDATE 事件的触发器中，NEW 表存储的是＿＿＿＿＿＿＿的数据。

3.创建触发器时，使用＿＿＿＿＿＿＿关键字指定触发时机。

4.触发器中使用＿＿＿＿＿＿＿＿语句可以抛出错误，阻止不符合条件的操作。

5.AFTER INSERT 触发器在＿＿＿＿＿＿＿之后触发。

四、问答题

1.触发器的 FOR EACH ROW 的作用是什么？

2.触发器与存储过程的区别是什么？

五、综合设计题

设计一个触发器，当学生退选课程时，自动减少总学分。

第13章

数据库的备份与恢复

知识导览

[知识点]

①备份类型：物理备份、逻辑备份。

②备份策略：全量备份、增量备份、差异备份。

③备份工具：mysqldump、XtraBackup、mysqlpump。

④恢复场景：全量恢复、增量恢复、日志恢复。

[重　点]

①正确选择备份类型和策略。

②备份与恢复流程。

[难　点]

①处理复杂的备份场景。

②备份与恢复的性能优化。

专业知识

13.1　内容概要

（1）备份

1）备份类型

①物理备份：对数据库操作系统的物理文件进行备份，可分为冷备份（数据库关闭状态下备份）、热备份（数据库运行状态下备份）和温备份（数据库锁定表格，不可写可读状态下备份）。适用于大型重要数据库，出现问题时可快速恢复。

②逻辑备份：对数据库逻辑组件进行备份，如以 SQL 语句形式表示的数据库结构和内容信息。适用于可编辑数据值或表结构较小的数据量，或在不同机器体系结构下重新创建数据。

2）备份类型

①全量备份：每次对整个数据库进行完整备份，包括所有数据和结构，是差异备份和增量备份的基础。优点是备份与恢复操作简单，缺点是数据存在大量重复，占用磁盘空间大，备份时间长。

②增量备份：仅备份自上次全量备份或增量备份后发生变化的数据。备份数据量少，占用空间小，备份速度快，但恢复时需要从上次全量备份开始，依次恢复到最后一次增量备份。

③差异备份：备份自上次全量备份以来发生变化的数据。恢复时只需恢复上次全量备份与最近一次差异备份。

3）备份方法

①使用 mysqldump 命令：是 MySQL 自带的客户端逻辑备份程序，能产生一组 SQL 语句，用于再现原始数据库对象定义和表数据。

全量备份命令为 mysqldump -u 用户名 -p 数据库名 > 数据库名_全量备份 .sql；

增量备份命令为 mysqldump -u 用户名 -p --single - transaction --master - data = 2 数据库名 > 数据库名_增量备份 .sql。

②使用 XtraBackup 工具：Percona 提供的高效 MySQL 备份工具，可进行逻辑备份和物理备份。

③使用物理冷备份：适用于非核心业务，允许中断。在数据库关闭状态下，通过直接打包数据库文件夹来实现，速度快，恢复简单。如在 Linux 系统中，可先停止 MySQL 服务 systemctl stop mysqld，然后新建文件夹用于存放备份 mkdir / backup，最后用 tar 命令将 MySQL 服务的根目录复制到指定目录。

（2）恢复

①从全量备份恢复：先停止 MySQL 服务 systemctl stop mysqld，创建新数据库 CREATE DATABASE 数据库名，然后导入备份文件 mysql -u 用户名 -p 数据库名 < 数据库名_全量备份 .sql，最后启动 MySQL 服务 systemctl start mysqld。

②从增量备份恢复：先恢复上次全量备份，再导入增量备份文件 mysql -u 用户名 -p 数据库名 < 数据库名_增量备份 .sql。

③从日志备份恢复：可恢复到指定时间点，命令为 mysqlbinlog --start - datetime = "2025 - 03 - 01 10:00:00" --stop - datetime = "2025 - 03 - 01 12:00:00" --no - defaults / path / to / binary_log | mysql -u 用户名 -p 数据库名。

13.2　编程实验

（1）实验目的

①掌握 MySQL 数据库的逻辑备份和物理备份方法。

②熟练运用备份工具（如 mysqldump、xtrabackup 等）进行数据库备份。

③学会在不同情况下（如数据丢失、数据库损坏等）进行数据库恢复操作。

④理解备份策略对数据恢复的影响，能够根据实际需求制定合理的备份计划。

（2）实验任务

任务 1：使用 mysqldump 工具对学生选课系统数据库进行全量逻辑备份。

任务 2：使用 xtrabackup 工具对学生选课系统数据库进行物理备份（热备份）。

（3）实验步骤

步骤 1：安装和配置 MySQL 数据库及相关备份工具（如 xtrabackup 等）。

步骤 2：创建学生选课系统数据库，并插入一些测试数据。

步骤 3：执行任务 1、2。

（4）分析与讨论

①正确选择备份类型和策略。

②备份与恢复流程。

课后习题

一、选择题

1. 以下哪种是MySQL的逻辑备份工具？（　　　）

   A. xtrabackup

   B. mysqldump

   C. cp

   D. rsync

2. 关于全量备份的说法，正确的是（　　　）。

   A. 只备份自上次备份以来变化的数据

   B. 备份速度快，占用空间小

   C. 恢复时需要结合增量或差异备份

   D. 能确保数据的完整性

3. 进行MySQL物理备份时，以下哪种情况是正确的？（　　　）

   A. 可以在数据库运行时进行

   B. 不需要停止数据库服务

   C. 复制的是SQL语句文件

   D. 对MySQL版本和配置要求较高

4. 以下哪个工具可以用于MySQL的热备份？（　　　）

   A. mysqlpump   B. mysqldump

   C. xtrabackup   D. phpMyAdmin

5. 当使用mysqldump进行备份时，要备份整个数据库，应使用的命令是（　　　）。

   A. mysqldump −u username −p database_name

   B. mysqldump −u username −p −−all−databases

   C. mysqldump −u username −p −−single−transaction database_name

   D. mysqldump −u username −p −−master−data=2 database_name

6. 增量备份是指（　　　）

   A. 备份自上次全量备份以来变化的数据

   B. 备份自上次备份（全量或增量）以来变化的数据

   C. 备份整个数据库

   D. 只备份数据库结构

7.以下哪种备份策略恢复速度最快？（　　　）

    A. 全量备份

    B. 增量备份

    C. 差异备份

    D. 都一样

8.在恢复 MySQL 数据库时，以下操作步骤正确的是（　　　）。

    A. 直接执行备份文件

    B. 先创建目标数据库，再执行备份文件

    C. 先停止数据库服务，再执行备份文件

    D. 不需要进行任何准备工作

9.为了确保备份文件的可靠性，以下哪种方法是可行的？（　　　）

    A. 定期检查备份文件的完整性

    B. 只存储一份备份文件

    C. 将备份文件存储在与数据库相同的服务器上

    D. 不进行备份

10.关于备份与恢复的性能优化，以下说法错误的是（　　　）。

    A. 可以调整备份工具的参数

    B. 应在业务高峰期进行备份

    C. 合理选择备份类型和策略

    D. 对备份文件进行压缩存储

二、判断题

1.逻辑备份文件是 SQL 语句文件，可读性强。　　　　　　　　　　　　　　（　　　）

2.物理备份不需要停止数据库服务。　　　　　　　　　　　　　　　　　　（　　　）

3.差异备份比增量备份恢复速度慢。　　　　　　　　　　　　　　　　　　（　　　）

4.使用 mysqldump 备份时，--single-transaction 选项可用于确保备份数据的一致性。

                                                     （　　　）

5.备份策略一旦确定，就不能再更改。　　　　　　　　　　　　　　　　　（　　　）

三、填空题

1.MySQL 数据库的备份类型主要有＿＿＿＿＿＿备份和＿＿＿＿＿＿备份。

2.全量备份是指对＿＿＿＿＿＿进行完整备份。

3.使用 xtrabackup 进行物理备份时，可实现＿＿＿＿＿＿备份。

4.备份策略中，＿＿＿＿＿＿备份只备份自上次全量备份以来变化的数据。

5.恢复 MySQL 数据库时，逻辑恢复是通过执行＿＿＿＿＿＿来实现的。

四、问答题

1.简述 MySQL 数据库备份与恢复的重要性，并举例说明在什么情况下需要进行数据库恢复操作。

2.比较逻辑备份和物理备份的优缺点，并说明在实际应用中如何选择合适的备份方式。

附　录

∷∷

实验步骤及分析讨论答案

附录1　数据库的设计

一、实验步骤

（1）需求分析

学生综合管理系统的需求涵盖了学生和教师基本信息管理、课程开课情况及学生成绩管理、第二课堂活动参与情况记录等，故将该系统划分为人员信息管理子系统、课程管理子系统以及课外活动管理子系统3部分，主要功能分析如下：

1）人员信息管理子系统

①学生信息：包括学生的学号、姓名、性别、出生日期、班级、专业、年级、所属学院等。

②教师信息：包括教师的工号、姓名、性别、职称、归属学院等。

2）课程管理子系统

①课程信息：包括课程编号、课程名称、学分、开课学期、先修课程等。

②学生选课信息：包括选修课程、授课教师及其成绩。

③教师授课信息：包括教授课程、选修学生及其成绩。

3）课外活动管理子系统

①课外活动管理：包括活动的项目名称、比赛时间、项目等级、项目负责人。

②学生参与信息：包括参与项目、参与时间、获得成绩及指导教师。

③教师指导信息：包括指导项目、指导时间、获得成绩及指导学生。

（2）用E-R图进行概念结构设计

1）实体与属性

通过学生综合管理系统需求分析，该系统数据库的实体及属性分析如下：

①人员信息管理子系统。

学生：学号、姓名、性别、出生年月；

班级：班号、班名、年级；

教师：工号、姓名、性别、职称；

专业：专业代码、专业名；

学院：学院编号、学院名称。

②课程管理子系统。

课程：课程号、课程名、学分、开课学期、先修课程；

学生：学号、姓名、性别、出生年月；

教师：工号、姓名、性别、职称。

③课外活动管理子系统：

活动：项目名称、比赛时间、项目负责人；

学生：学号、姓名、性别、出生年月；

教师：工号、姓名、性别、职称。

使用E-R图进行该系统数据库概念结构设计，其中人员信息管理子系统的实体性及属性E-R图如附图1-1所示。

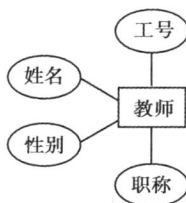

(a) 学生实体E-R图　　　(b) 教师实体E-R图　　　(c) 班级实体E-R图

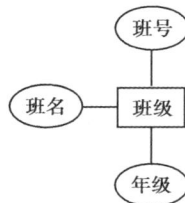

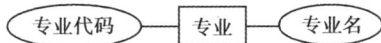

(d) 专业实体E-R图　　　　　(e) 学院实体E-R图

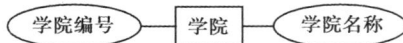

附图1-1　人员信息管理子系统的实体E-R图

2)联系

学生综合管理系统的实体之间的联系分析如下：

①一个专业可拥有多个年级，每个年级可有多个班级，但一个班级只属于一个专业的某个年级，则班级实体与专业实体之间属于 N：1，班级实体与年级实体之间属于 N：1。

②一个班级属于一个学院，每个学院有若干班级，则班级实体与学院实体之间属于 N：1。

③一名学生属于一个班级，每个班级有若干学生，则学生实体与班级实体之间属于 N：1。

④一名学生可选修多门课程，每门课程有若干学生选修，则学生实体与课程实体之间属于 N：M。

⑤一名教师可教授多门课程，每门课程可以由若干教师共同承担，则教师实体与课程实体之间属于 N：M。

⑥多个年级多个专业的学生可参加多项科技活动，一名学生可参加多项科技活动，每项科技活动可有多名学生参加，则学生实体与科技活动实体之间属于 N：M。

⑦每名学生参加科技活动都有指导教师，每位教师可以指导多项科技活动，则教师实体与科技活动实体之间属于 N：M。

3)E-R 图

根据上述分析，人员信息管理子系统的分 E-R 图，如附图 1-2 所示。学生综合管理系统的 E-R 图，如附图 1-3 所示。

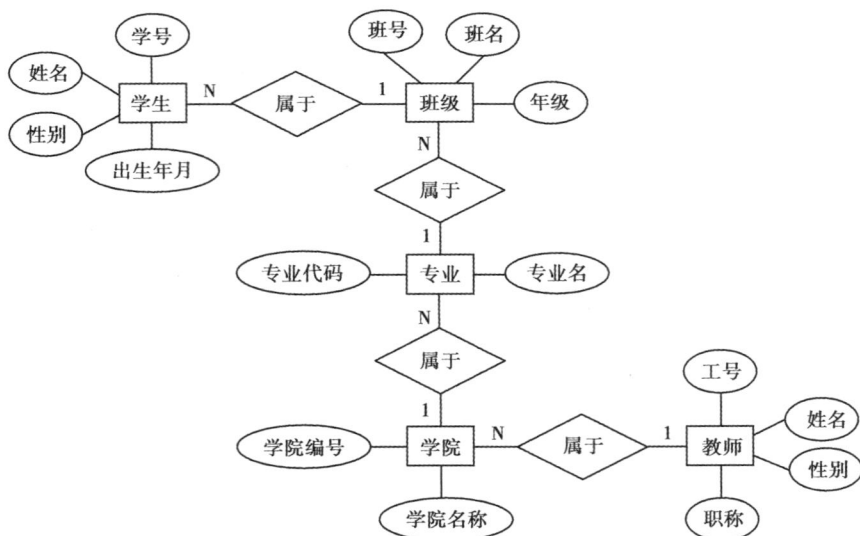

附图 1-2　人员信息管理子系统的分 E-R 图

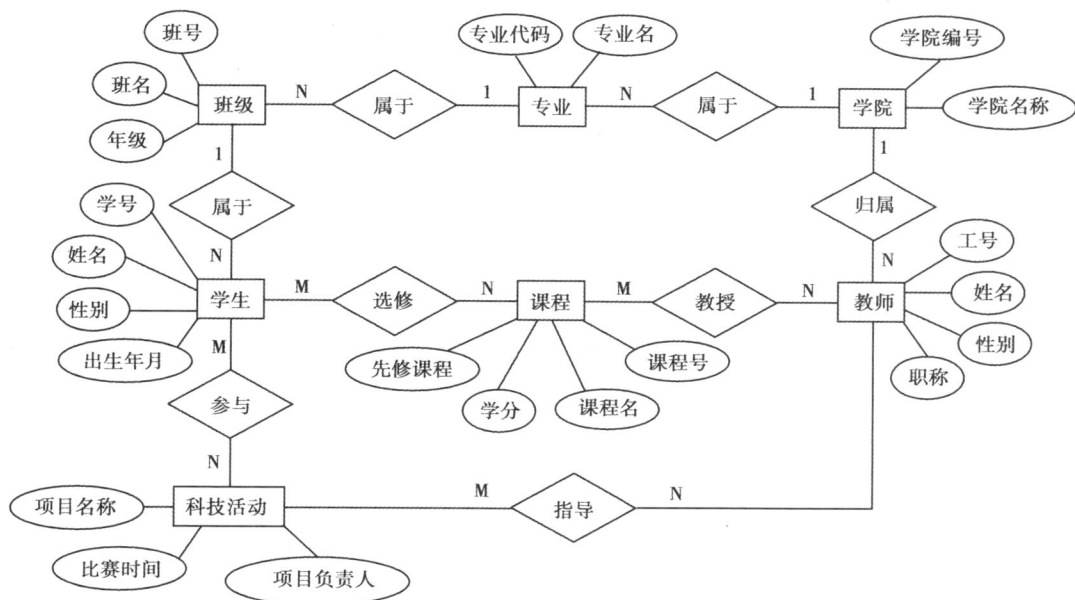

附图1-3　学生综合管理系统的E-R图

（3）用关系模型进行逻辑结构设计

根据E-R图向关系模型的转换的步骤和原则，学生信息综合管理系统的关系模式如下：

①学院（学院编号，学院名称，专业代码）。

②专业（专业编号，专业代码，专业名）。

③班级（班号，班名，年级，专业编号）。

④学生（学生编号，学号，姓名，性别，出生年月，班号）。

⑤教师（教师编号，工号，姓名，性别，年龄，职称，学院编号）。

⑥课程（课程编号，课程号，课程名，学分，先修课程）。

⑦选课（选课编号，授课编号，学号，成绩）。

⑧授课（授课编号，课程编号，工号，教学班号，人数）。

⑨项目（项目编号，项目代码，项目名称，比赛时间，项目负责人）。

⑩参赛（活动编号，项目编号，学生编号，教师编号，成绩）。

其中人员信息管理子系统的数据表，详见附表1-1—附表1-5。

附表 1-1　学院 department 表

字段	数据类型	约束	备注
did	INT	PRIMARY KEY	学院编号
dname	CHAR(10)	NOT NULL，UNIQUE	学院名称
mid	INT		专业代码

附表 1-2　专业 major 表

字段	数据类型	约束	备注
mid	INT	PRIMARY KEY	专业编号
mno	INT	NOT NULL，UNIQUE	专业代码
mname	CHAR(10)	NOT NULL	专业名

附表 1-3　班级 class 表

字段	数据类型	约束	备注
cid	INT	PRIMARY KEY	班号
cname	CHAR(10)	NOT NULL	班名
cgrade	CHAR(10)	NOT NULL	年级
mid	INT		专业编号

附表 1-4　学生 student 表

字段	数据类型	约束	备注
sid	INT	PRIMARY KEY	学生编号
sno	CHAR(10)	NOT NULL，UNIQUE	学号
sname	CHAR(20)	NOT NULL	姓名
ssex	CHAR(2)	NOT NULL	性别
sbirth	DATE	NOT NULL	出生年月
cid	INT		班号

附表 1-5　教师 teacher 表

字段	数据类型	约束	备注
tid	INT	PRIMARY KEY	教师编号
tno	CHAR(10)	NOT NULL，UNIQUE	工号

续表

字段	数据类型	约束	备注
tname	CHAR(20)	NOT NULL	姓名
tsex	CHAR(2)	NOT NULL	性别
ttitle	CHAR(20)	NOT NULL	职称
did	INT		学院编号

二、分析与讨论

①合理设计：

学生表以"学号"为主键，选课表以"选课编号"为代理主键，避免复合主键的复杂性。

外键约束（如班级表的"专业编号"引用专业表）保障了数据一致性。

②学院→专业→班级→学生的层级链通过外键关联实现，但存在以下问题：

班级表中缺少"学院编号"，需通过专业表间接关联学院，导致多表连接查询效率降低。

若允许跨专业选课，当前设计无法直接支持，需扩展选课表关联到专业或学院。

附录2　MySQL的运行环境及方法

一、实验步骤

步骤1:启动MySQL服务并登录

启动MySQL服务（Windows/Linux命令）：

```
# Windows 服务管理
net start mysql
# Linux 系统
systemctl start mysql
```

登录MySQL客户端：

```
mysql -u root -p
```

输入密码后进入MySQL命令行

步骤2:数据库操作

①查看所有数据库：

```
SHOW DATABASES;
```

②创建新数据库（例如 school_db）：

```
CREATE DATABASE school_db;
```

③切换到新数据库：

```
USE school_db;
```

步骤3：数据表操作

创建 student 表：

```
CREATE TABLE student (
    id INT  PRIMARY KEY ,          -- 学号(主键)
    name VARCHAR(100) NOT NULL,    -- 姓名(非空)
    age INT,                       -- 年龄
    gender CHAR(1),                -- 性别('M'/'F')
    dept VARCHAR(50)               -- 所属院系
);
```

查看当前数据库中表的列表：

```
SHOW TABLES;
```

查看表结构：

```
DESC student;
```

步骤4：修改表结构

修改表名（例如将 student 改为 students）：

```
ALTER TABLE student RENAME TO students;
```

添加新字段（例如添加 email 字段）：

```
ALTER TABLE students ADD email VARCHAR(255);
```

删除字段（例如删除 dept 字段）：

```
ALTER TABLE students DROP COLUMN dept;
```

步骤5：退出 MySQL 客户端

```
EXIT;
```

二、分析与讨论

phpStudy 开发环境和 MySQL 环境既有区别又有联系。

(1) 区别

1)涵盖范围

phpStudy 开发环境：它是一个集成化的开发环境，涵盖了从服务器运行到代码解释执行以及数据库管理等多个方面。

MySQL 环境：它主要侧重于数据库管理系统本身，仅提供数据库的存储、查询、管理等功能，用于存储和处理应用程序中的数据。

2)功能用途

phpStudy 开发环境：重点在于支持 PHP 应用程序的开发和运行。它允许开发者在本地搭建一个与生产环境相似的服务器环境，方便进行代码编写、调试、测试等工作，同时可以通过集成的数据库管理工具方便地管理数据库。

MySQL 环境：专门用于数据的存储、检索、修改和管理。它提供了强大的数据库功能，如事务处理、数据索引、存储过程等，以满足各种应用程序对数据管理的需求，但不涉及 Web 服务器和 PHP 代码的运行。

3)独立性

phpStudy 开发环境：依赖于其包含的各个组件协同工作来提供完整的 Web 服务解决方案。

MySQL 环境：可以独立于 phpStudy 安装和运行。

(2) 联系

1)协同工作

在 phpStudy 开发环境中，MySQL 是常用的数据库组件之一。当开发 PHP 应用程序时，经常需要与数据库进行交互，例如存储用户信息、产品数据、订单信息等。phpStudy 中的 PHP 代码可以通过数据库连接函数和相关库与 MySQL 数据库建立连接，实现数据的读写操作，从而实现动态 Web 应用程序的功能。

2)数据支持

MySQL 为 phpStudy 开发环境中的应用程序提供数据存储和管理的支持。PHP 应用程序可以利用 MySQL 的强大功能来处理和持久化数据，使得应用程序具有丰富的功能和良好的用户体验。例如，一个基于 phpStudy 开发的博客系统，会将文章内容、用户评论等数据存储在 MySQL 数据库中。

3)环境依赖

phpStudy 开发环境依赖于 MySQL 环境来提供完整的功能。如果 phpStudy 中不配置或缺少 MySQL 数据库，那么应用程序中与数据库相关的功能将无法正常运行。同样，MySQL 数据库也需要与 phpStudy 中的其他组件（如 PHP 解释器和 Web 服务器）正确配置和连接，才能发挥其在开发环境中的作用。

附录 3　数据库和表的基础操作

一、实验步骤

步骤1:创建数据表

创建学生表 student，包含以下字段:

```
CREATE TABLE student (
     id INT  PRIMARY KEY  AUTO_INCREMENT,
     name VARCHAR(50) NOT NULL,
     age INT,
     gender ENUM('M', 'F'),
     admission_date DATE
);
```

步骤2:查看表结构

验证表结构是否正确。

```
DESC student;
```

输出应包含字段名、类型、是否允许 NULL、键类型等信息。

步骤3:修改表结构

①修改字段名（将 gender 改为 sex）。

```
ALTER TABLE student CHANGE gender sex CHAR(1);
```

②修改字段类型（将 age 类型从 INT 改为 TINYINT）。

```
ALTER TABLE student MODIFY age TINYINT;
```

③添加字段（新增 score 列）。

```
ALTER TABLE student ADD score DECIMAL(4,1);
```

④删除字段（删除 admission_date）。

```
ALTER TABLE student DROP admission_date;
```

⑤调整字段顺序，将 sex 字段置顶。

```
ALTER TABLE student MODIFY sex CHAR(1) FIRST;
```

⑥将 age 字段移到 name 之后。

```
ALTER TABLE student MODIFY age TINYINT AFTER name;
```

步骤 4：复制表结构

复制 student 表结构到 student_backup（不复制数据）。

```
CREATE TABLE student_backup AS SELECT * FROM student WHERE 1 <> 1;
```

步骤 5：删除表

删除测试表 student_backup。

```
DROP TABLE student_backup;
```

二、分析与讨论

（1）CHANGE vs MODIFY

CHANGE 用于重命名字段（需指定新字段名和类型）。
MODIFY 仅修改字段类型或顺序（无须重命名）。

（2）表结构复制限制

CREATE TABLE ... AS SELECT 会丢失部分约束（如自增主键、外键），需手动补充。

（3）调整字段顺序的意义

调整字段顺序不影响数据存储逻辑，但可优化表的可读性（如将常用字段置顶）。

三、常见问题与解决

（1）修改字段类型失败

原因：表中存在与新类型冲突的数据（如将 VARCHAR 改为 INT 时包含非数字字符）。
解决：先清理或转换数据，再修改类型。

（2）外键约束冲突

删除或修改主表字段时，需先解除从表的外键依赖。

（3）误删表或字段

建议操作前备份数据，或启用事务（BEGIN; ... ROLLBACK;）测试操作。

附录4 数据完整性约束

一、实验步骤

```
-- 创建数据库
CREATE DATABASE IF NOT EXISTS student_management_constraints;
USE student_management_constraints;


-- 任务1:创建students表,设置主键约束
CREATE TABLE students (
    student_id INT PRIMARY KEY,                  -- 任务2:设置非空约束
    name VARCHAR(50) NOT NULL,                   -- 任务3:设置唯一约束
    email VARCHAR(100) UNIQUE,                    -- 任务4:设置检查约束
    age INT CHECK (age BETWEEN 10 AND 60),       -- 任务5:设置默认约束
    gender VARCHAR(10) DEFAULT '未知'
);


-- 任务6:创建courses表,设置自增约束
CREATE TABLE courses (
    course_id INT AUTO_INCREMENT PRIMARY KEY,
    course_name VARCHAR(100),
    teacher VARCHAR(50)
);


-- 任务7:创建sc表,设置外键约束
CREATE TABLE sc (
    sc_id INT AUTO_INCREMENT PRIMARY KEY,
    student_id INT,
    course_id INT,
    FOREIGN KEY (student_id) REFERENCES students(student_id),
    FOREIGN KEY (course_id) REFERENCES courses(course_id)
);
```

```
-- 任务 8:查看表结构
DESCRIBE student;
SHOW COLUMNS FROM courses;
DESCRIBE courses;
```

二、分析与讨论

(1) 约束的作用与重要性

主键约束确保实体完整性，联合主键适用于多字段唯一性场景（如选课表 sc）。

非空约束强制字段必须有值，避免数据缺失（如学号 sno）。

唯一约束防止重复值（如学号唯一），但允许空值（与主键区别）。

默认约束简化数据插入操作（如未填年龄时默认为"0"）。

自增约束减少主键管理负担，常用于代理主键。

(2) 常见问题与解决方法

主键冲突：插入重复主键时报错，需检查数据的唯一性。

非空约束违反：插入空值时需显式指定默认值或补全数据。

自增字段重置：删除表数据后，自增值不会重置，需用 ALTER TABLE 重置。

附录5　数据更新操作

一、实验步骤

```
-- 创建表
CREATE TABLE students (
    student_id INT PRIMARY KEY,
    student_name VARCHAR(50),
    age INT,
    gender VARCHAR(10),
    score DECIMAL(5, 2)
);

-- 插入数据
INSERT INTO students (student_id, student_name, age, gender, score)
VALUES
```

```
(1, '张三', 22, '男', 88.5),
(2, '李四', 20, '女', 76.0),
(3, '王五', 23, '男', 92.0),
(4, '赵六', 21, '女', 85.5),
(5, '孙七', 22, '男', 78.0);

-- 任务 1
UPDATE students
SET student_name = '李四新'
WHERE student_id = 2;

-- 任务 2
UPDATE students
SET age = age + 1;

-- 任务 3
UPDATE students
SET score = 60
WHERE score < 60;

-- 任务 4
UPDATE students
SET score = score * 1.1
WHERE gender = '女';

-- 任务 5
UPDATE students
SET age = 25, score = 95
WHERE student_id = 3;

-- 任务 6
UPDATE students
SET gender = '未指定'
WHERE age > 22;
```

```
-- 任务 7
UPDATE students
SET student_name = CONCAT('优秀 -', student_name)
WHERE score BETWEEN 80 AND 90;


-- 任务 8
UPDATE students
SET score = score - 5
WHERE student_id % 2 = 0;


-- 任务 9
UPDATE students
SET score = 100
WHERE age = (SELECT MIN(age) FROM students);


-- 任务 10
UPDATE students s
JOIN (
    SELECT gender, AVG(score) AS avg_score
    FROM students
    GROUP BY gender
) g ON s.gender = g.gender
SET s.score = g.avg_score;
```

二、分析与讨论

(1) 更新操作的基本原理

①UPDATE 语句的基本结构是 UPDATE 表名 SET 列名 = 新值 WHERE 条件。SET 子句用于指定要更新的列和新值，WHERE 子句用于筛选出需要更新的记录。如果省略 WHERE 子句，将更新表中的所有记录。

②在更新操作中，MySQL 会根据 WHERE 条件找到符合要求的记录，然后将 SET 子句中指定的列更新为新值。更新操作会直接修改表中的数据，因此需要谨慎使用，特别是在没有 WHERE 条件的情况下。

（2）数据一致性问题

在多表关联更新或复杂的更新操作中，可能会出现数据不一致的情况。例如，在使用子查询更新时，如果子查询返回多个结果或没有返回结果，可能会导致更新失败或更新结果不符合预期。解决方法是在编写子查询时确保其逻辑正确，并且在更新操作前进行充分的测试。

附录6 单表查询

一、实验步骤

```sql
-- 创建表
CREATE TABLE students (
    student_id INT PRIMARY KEY,
    student_name VARCHAR(50),
    age INT,
    gender VARCHAR(10),
    score DECIMAL(5, 2)
);

-- 插入数据
INSERT INTO students (student_id, student_name, age, gender, score)
VALUES
(1, '张三', 22, '男', 88.5),
(2, '李四', 20, '女', 76.0),
(3, '王五', 23, '男', 92.0),
(4, '赵六', 21, '女', 85.5),
(5, '孙七', 22, '男', 78.0);

-- 任务1
SELECT * FROM students;

-- 任务2
SELECT student_name, age FROM students;
```

```
-- 任务 3
SELECT * FROM students WHERE age > 20;

-- 任务 4
SELECT student_name, score FROM students WHERE score BETWEEN 80
AND 90;

-- 任务 5
SELECT * FROM students WHERE student_name LIKE '张%';

-- 任务 6
SELECT * FROM students WHERE gender = '男' AND score > 85;

-- 任务 7
SELECT * FROM students WHERE age = (SELECT MAX(age) FROM students);

-- 任务 8
SELECT AVG(score) FROM students;

-- 任务 9
SELECT * FROM students ORDER BY score DESC;

-- 任务 10
SELECT * FROM students ORDER BY score DESC LIMIT 5;
```

二、分析与讨论

①在使用 WHERE 子句和 HAVING 子句时，它们的执行顺序和作用有什么不同？

WHERE 子句在分组之前对原始数据进行过滤，而 HAVING 子句在分组之后对分组结果进行过滤。

②聚合函数在分组查询中的作用是什么？

聚合函数用于对分组后的数据进行统计，如计算数量、总和、平均值等。

③如何优化单表查询的性能？

可以通过创建合适的索引来加快查询速度，特别需要在经常用于过滤和排序的列上创建索引。

附录7 连接查询

一、实验步骤

```sql
-- 创建数据库
CREATE DATABASE student_course_system;

-- 使用数据库
USE student_course_system;

-- 创建 students 表
CREATE TABLE students (
    student_id VARCHAR(10) PRIMARY KEY,
    student_name VARCHAR(50)
);

-- 创建 courses 表
CREATE TABLE courses (
    course_id VARCHAR(10) PRIMARY KEY,
    course_name VARCHAR(50)
);

-- 创建 enrollments 表
CREATE TABLE enrollments (
    student_id VARCHAR(10),
    course_id VARCHAR(10),
    PRIMARY KEY (student_id, course_id),
    FOREIGN KEY (student_id) REFERENCES students(student_id),
    FOREIGN KEY (course_id) REFERENCES courses(course_id)
);

-- 插入测试数据
INSERT INTO students (student_id, student_name) VALUES
```

```
('S001', '张三'),
('S002', '李四'),
('S003', '王五');

INSERT INTO courses (course_id, course_name) VALUES
('C001', '数学'),
('C002', '英语'),
('C003', '计算机科学');

INSERT INTO enrollments (student_id, course_id) VALUES
('S001', 'C001'),
('S001', 'C002'),
('S002', 'C002'),
('S002', 'C003');

-- 任务1
SELECT students.student_id, students.student_name, courses.course_id,
courses.course_name
FROM students
INNER JOIN enrollments ON students.student_id = enrollments.student_id
INNER JOIN courses ON enrollments.course_id = courses.course_id;

-- 任务2
SELECT students.student_id, students.student_name, courses.course_id,
courses.course_name
FROM students
LEFT JOIN enrollments ON students.student_id = enrollments.student_id
LEFT JOIN courses ON enrollments.course_id = courses.course_id;

-- 任务3
SELECT students.student_id, students.student_name, courses.course_id,
courses.course_name
FROM students
RIGHT JOIN enrollments ON students.student_id = enrollments.student_id
RIGHT JOIN courses ON enrollments.course_id = courses.course_id;
```

```
-- 任务4
SELECT students.student_id, students.student_name, courses.course_id,
courses.course_name
FROM students
CROSS JOIN courses;


-- 任务5
SELECT students.student_id, students.student_name, COUNT(enrollments.
course_id) AS course_count
FROM students
LEFT JOIN enrollments ON students.student_id = enrollments.student_id
GROUP BY students.student_id, students.student_name;


-- 任务6
SELECT students.student_id, students.student_name
FROM students
INNER JOIN enrollments ON students.student_id = enrollments.student_id
WHERE enrollments.course_id = 'C001';


-- 任务7
SELECT students.student_id, students.student_name
FROM students
LEFT JOIN enrollments ON students.student_id = enrollments.student_id
WHERE enrollments.student_id IS NULL;


-- 任务8
SELECT s1.student_id, s1.student_name
FROM students s1
INNER JOIN enrollments e1 ON s1.student_id = e1.student_id AND e1.
course_id = 'C001'
INNER JOIN enrollments e2 ON s1.student_id = e2.student_id AND e2.
course_id = 'C002';
```

```
-- 任务9
SELECT  courses. course_id,  courses. course_name,  COUNT(enrollments.
student_id) AS enrollment_count
FROM courses
LEFT JOIN enrollments ON courses.course_id = enrollments.course_id
GROUP BY courses.course_id, courses.course_name
ORDER BY enrollment_count DESC;
```

```
-- 任务10
SELECT students. student_id, students. student_name, COUNT(enrollments.
course_id) AS course_count
FROM students
LEFT JOIN enrollments ON students.student_id = enrollments.student_id
GROUP BY students.student_id, students.student_name
ORDER BY course_count DESC
LIMIT 1;
```

二、分析与讨论

1.在实验过程中，如何处理数据重复问题？

①使用DISTINCT关键字：当查询结果中存在重复行时，DISTINCT可用于去除这些重复行。例如，若要查询students表中不重复的学生城市信息，可使用如下程序查询：

```
SELECT DISTINCT city FROM students;
```

②使用集合操作：如UNION操作符在合并多个查询结果时会自动去除重复行。若要合并两个查询的结果并去除重复行，可这样写：

```
SELECT column1 FROM table1
UNION
SELECT column1 FROM table2;
```

2. 在实验过程中，如何处理空值问题？

①使用IS NULL和IS NOT NULL进行筛选：在查询时，可使用IS NULL或IS NOT NULL来找出包含或不包含空值的行。例如，要找出students表中email字段为空的学生记录：

```
SELECT * FROM students WHERE email IS NULL;
```

②使用COALESCE函数处理空值：COALESCE函数可返回参数列表中的第一个非空值。

若要将 students 表中 phone 字段的空值替换为默认值"暂无电话"，可使用以下程序查询：

```
SELECT student_id, COALESCE(phone, '暂无电话') AS phone FROM students;
```

附录 8 嵌套查询和集合查询

一、实验步骤

```
-- 创建班级表
CREATE TABLE class (
    class_id INT AUTO_INCREMENT PRIMARY KEY,
    class_name VARCHAR(20) NOT NULL
);

-- 创建学生表
CREATE TABLE student (
    student_id INT AUTO_INCREMENT PRIMARY KEY,
    student_no VARCHAR(20) NOT NULL,
    student_name VARCHAR(50) NOT NULL,
    age INT,
    class_id INT,
    FOREIGN KEY (class_id) REFERENCES class(class_id)
);

-- 创建课程表
CREATE TABLE course (
    course_id INT AUTO_INCREMENT PRIMARY KEY,
    course_no VARCHAR(20) NOT NULL,
    course_name VARCHAR(50) NOT NULL
);

-- 创建选课表
CREATE TABLE enrollment (
    enrollment_id INT AUTO_INCREMENT PRIMARY KEY,
```

```
    student_no VARCHAR(20) NOT NULL,
    course_no VARCHAR(20) NOT NULL,
    grade INT,
    FOREIGN KEY (student_no) REFERENCES student(student_no),
    FOREIGN KEY (course_no) REFERENCES course(course_no)
);


-- 插入示例数据
INSERT INTO class (class_name) VALUES ('C001'), ('C002');

INSERT INTO student (student_no, student_name, age, class_id) VALUES
('S0001', 'Alice', 20, 1),
('S0002', 'Bob', 21, 1),
('S0003', 'Charlie', 19, 2),
('S0004', 'David', 22, 2);


INSERT INTO course (course_no, course_name) VALUES
('S001', 'Physics'),
('S002', 'Math'),
('S003', 'English');


INSERT INTO enrollment (student_no, course_no, grade) VALUES
('S0001', 'S001', 85),
('S0002', 'S001', 90),
('S0003', 'S001', 78),
('S0004', 'S001', 88),
('S0001', 'S002', 82),
('S0002', 'S003', 75),
('S0003', 'S002', 92),
('S0004', 'S003', 80);
```

```
-- 任务1:采用带有比较运算符的子查询,查找"C001"班所有学生的学号和姓名
SELECT student_no, student_name
FROM student
WHERE class_id = (SELECT class_id FROM class WHERE class_name = 'C001');


-- 任务2:采用带有 IN 谓词的子查询,查询所有选修课程代号为"S001"的学生学号和
成绩
SELECT student_no, grade
FROM enrollment
WHERE student_no IN (
    SELECT student_no
    FROM enrollment
    WHERE course_no = 'S001'
);


-- 任务3:采用带有 ALL 谓词的子查询,查找所有选修课程代号为"S001"的各教学班中
成绩最高的学生的教学班号、学号和成绩
SELECT c.class_id, e.student_no, e.grade
FROM enrollment e
JOIN student s ON e.student_no = s.student_no
JOIN class c ON s.class_id = c.class_id
WHERE e.course_no = 'S001'
    AND e.grade >= ALL (
    SELECT e2.grade
    FROM enrollment e2
    JOIN student s2 ON e2.student_no = s2.student_no
    JOIN class c2 ON s2.class_id = c2.class_id
    WHERE e2.course_no = 'S001' AND c2.class_id = c.class_id
);


-- 任务4:采用带有聚集函数的子查询,查找所有选修课程代号为"S001"的各教学班中成
绩最高的学生的学号和成绩
SELECT e.student_no, e.grade
```

```
FROM enrollment e
JOIN student s ON e.student_no = s.student_no
JOIN class c ON s.class_id = c.class_id
WHERE e.course_no = 'S001'
AND e.grade = (
    SELECT MAX(e2.grade)
    FROM enrollment e2
    JOIN student s2 ON e2.student_no = s2.student_no
    JOIN class c2 ON s2.class_id = c2.class_id
    WHERE e2.course_no = 'S001' AND c2.class_id = c.class_id
);


-- 任务 5:采用带有 ANY 谓词的子查询,查询所有比"C001"班某个学生年龄小的学生的
学号和姓名
SELECT student_no, student_name
FROM student
WHERE age < ANY (
    SELECT age
    FROM student
    WHERE class_id = (SELECT class_id FROM class WHERE class_name =
'C001')
);


-- 任务 6:采用带有聚集函数的子查询,查询所有比"C001"班某个学生年龄都小的学生的
学号和姓名
SELECT student_no, student_name
FROM student
WHERE age < (
    SELECT MIN(age)
    FROM student
    WHERE class_id = (SELECT class_id FROM class WHERE class_name =
'C001')
);
```

-- 任务 7:采用带有 EXISTS 谓词的子查询,查询所有选修课程代号为"S001"的学生的学
号和成绩

```
SELECT e.student_no, e.grade
FROM enrollment e
WHERE EXISTS (
    SELECT 1
    FROM enrollment e2
    WHERE e2.student_no = e.student_no AND e2.course_no = 'S001'
);
```

-- 任务 8:使用 UNION 操作符查询选修了课程"数学"的学生姓名和选修了课程"英语"的
学生姓名

```
SELECT s.student_name
FROM student s
JOIN enrollment e ON s.student_no = e.student_no
JOIN course c ON e.course_no = c.course_no
WHERE c.course_name = 'Math'
UNION
SELECT s.student_name
FROM student s
JOIN enrollment e ON s.student_no = e.student_no
JOIN course c ON e.course_no = c.course_no
WHERE c.course_name = 'English';
```

-- 任务 9:查询选修了课程"数学"但没有选修课程"英语"的学生姓名

```
SELECT s.student_name
FROM student s
JOIN enrollment e ON s.student_no = e.student_no
JOIN course c ON e.course_no = c.course_no
WHERE c.course_name = 'Math'
AND s.student_no NOT IN (
    SELECT s2.student_no
    FROM student s2
    JOIN enrollment e2 ON s2.student_no = e2.student_no
```

```
    JOIN course c2 ON e2.course_no = c2.course_no
    WHERE c2.course_name = 'English'
);
```

-- 任务10:查询选修课程数量最多的学生姓名

```
SELECT s.student_name
FROM student s
JOIN (
    SELECT student_no, COUNT(*) AS course_count
    FROM enrollment
    GROUP BY student_no
    ORDER BY course_count DESC
    LIMIT 1
) ec ON s.student_no = ec.student_no;
```

-- 任务11:查询选修了所有课程的学生姓名

```
SELECT s.student_name
FROM student s
JOIN enrollment e ON s.student_no = e.student_no
GROUP BY s.student_no, s.student_name
HAVING COUNT(DISTINCT e.course_no) = (SELECT COUNT(*) FROM course);
```

-- 任务12:查询至少选修了两门课程的学生姓名

```
SELECT s.student_name
FROM student s
JOIN enrollment e ON s.student_no = e.student_no
GROUP BY s.student_no, s.student_name
HAVING COUNT(DISTINCT e.course_no) >= 2;
```

二、分析与讨论

IN适用于静态值列表或小型结果集。

EXISTS常用于关联性判断,对大数据量更高效。

UNION合并结果集:用于垂直合并多查询结果,需保证列数和数据类型一致。

附录9　索　引

一、实验步骤

```sql
-- 创建数据库
CREATE DATABASE student_course_system;
USE student_course_system;

-- 创建学生表
CREATE TABLE students (
    student_id INT PRIMARY KEY AUTO_INCREMENT,
    student_name VARCHAR(50),
    age INT,
    email VARCHAR(100)
);
-- 创建课程表
CREATE TABLE courses (
    course_id INT PRIMARY KEY AUTO_INCREMENT,
    course_name VARCHAR(100) UNIQUE
);

-- 创建选课表
CREATE TABLE enrollments (
    enrollment_id INT PRIMARY KEY AUTO_INCREMENT,
    student_id INT,
    course_id INT,
    grade DECIMAL(5, 2),
    FOREIGN KEY (student_id) REFERENCES students(student_id),
    FOREIGN KEY (course_id) REFERENCES courses(course_id)
);

-- 插入一些测试数据
INSERT INTO students (student_name, age, email) VALUES
```

```
('张三', 20, 'zhangsan@example.com'),
('李四', 21, 'lisi@example.com'),
('王五', 20, 'wangwu@example.com');


INSERT INTO courses (course_name) VALUES
('数据库原理'),
('编程语言基础'),
('数据结构');


INSERT INTO enrollments (student_id, course_id, grade) VALUES
(1, 1, 85.0),
(2, 2, 90.0),
(3, 3, 78.0);


-- 创建普通索引
CREATE INDEX idx_student_name ON students (student_name);


-- 创建唯一索引
CREATE UNIQUE INDEX idx_course_name ON courses (course_name);


-- 创建复合索引
CREATE INDEX idx_enrollment ON enrollments (student_id, course_id);


-- 创建全文索引
CREATE FULLTEXT INDEX idx_email ON students (email);


-- 使用 EXPLAIN 分析查询
EXPLAIN SELECT * FROM students WHERE student_name = '张三';


-- 对比查询执行时间
SET @start_time = NOW(6);
SELECT * FROM students WHERE student_name = '张三';
SET @end_time = NOW(6);
SELECTTIMESTAMPDIFF(MICROSECOND,@start_time,@end_time)ASexecution_time;
```

```
SET @start_time = NOW(6);
SELECT * FROM students USE INDEX (idx_student_name) WHERE student_name =
'张三';
SET @end_time = NOW(6);
SELECTTIMESTAMPDIFF(MICROSECOND,@start_time,@end_time)ASexecution_time;


-- 索引失效查询
EXPLAIN SELECT * FROM students WHERE UPPER(student_name) = 'ZHANGSAN';


-- 复杂查询
SELECT s.student_name, c.course_name, e.grade
FROM students s
JOIN enrollments e ON s.student_id = e.student_id
JOIN courses c ON e.course_id = c.course_id
WHERE s.age > 18 AND c.course_name LIKE '数据库%';


-- 优化复杂查询
CREATE INDEX idx_age_course_name ON students (age);
CREATE INDEX idx_course_name_like ON courses (course_name);


-- 删除索引
DROP INDEX idx_student_name ON students;
```

二、分析与讨论

①索引对查询性能的影响：通过对比有索引和无索引情况下的查询执行时间，可以明显看到索引能够显著提高查询效率。但在写操作（如插入、更新、删除）时，索引会增加额外的开销。

②索引失效的原因：常见的索引失效原因包括使用函数对索引列进行操作、使用 LIKE 时以通配符开头、使用 OR 连接多个条件等。

③复合索引的顺序：复合索引的列顺序非常重要，应该将最常作为查询条件的列放在前面。

附录10　视　图

一、实验步骤

```
-- 任务 1:创建学生表
CREATE TABLE students (
    student_id INT PRIMARY KEY,
    student_name VARCHAR(50),
    age INT
);

-- 任务 2:创建课程表
CREATE TABLE courses (
    course_id INT PRIMARY KEY,
    course_name VARCHAR(50),
    teacher VARCHAR(50)
);

-- 任务 3:创建选课表
CREATE TABLE enrollments (
    enrollment_id INT PRIMARY KEY,
    student_id INT,
    course_id INT,
    score DECIMAL(5, 2),
    FOREIGN KEY (student_id) REFERENCES students(student_id),
    FOREIGN KEY (course_id) REFERENCES courses(course_id)
);

-- 插入示例数据
INSERT INTO students (student_id, student_name, age) VALUES (1, '张
三', 20);
INSERT INTO courses (course_id, course_name, teacher) VALUES (1, '数学',
'李老师');
```

```
INSERT INTO enrollments (enrollment_id, student_id, course_id, score)
VALUES (1, 1, 1, 85.5);


-- 任务 4:创建简单视图
CREATE VIEW student_basic_info AS
SELECT student_id, student_name, age FROM students;


-- 任务 5:创建复杂视图
CREATE VIEW student_course_info AS
SELECT s.student_name, c.course_name, e.score
FROM students s
JOIN enrollments e ON s.student_id = e.student_id
JOIN courses c ON e.course_id = c.course_id;


-- 任务 6:查询简单视图
SELECT * FROM student_basic_info;


-- 任务 7:查询复杂视图
SELECT * FROM student_course_info;


-- 任务 8:修改视图定义
-- 假设存在 classes 表,包含 class_id 和 class_name 字段
-- 这里只是示例修改,实际要确保 classes 表存在并关联正确
ALTER VIEW student_basic_info AS
SELECT s.student_id, s.student_name, s.age, cl.class_name
FROM students s
JOIN classes cl ON s.student_id = cl.student_id;


-- 任务 9:尝试更新视图数据
UPDATE student_course_info SET score = 90 WHERE student_name = '张三'
AND course_name = '数学';


--任务 10:删除视图
DROP VIEW IF EXISTS student_basic_info;
```

```
DROP VIEW IF EXISTS student_course_info;
```

二、分析与讨论

①视图更新规则：student_basic_info视图基于单表，若符合简单视图的更新条件，通常可以更新。而student_course_info视图涉及多表连接，一般不可直接更新，因为更新操作可能会影响多个基表数据的一致性。

②视图性能：视图本身不存储数据，查询视图时会根据视图定义动态生成结果。复杂视图的查询性能可能会受到影响，因为涉及多表连接和数据处理。在实际应用中，可通过创建索引等方式优化性能。

附录11　存储过程

一、实验步骤

任务 1:
```
DELIMITER //
CREATE PROCEDURE InsertStudent(IN p_student_id INT, IN p_student_name
VARCHAR(50), IN p_major VARCHAR(50))
BEGIN
    INSERT INTO students (student_id, student_name, major)
    VALUES (p_student_id, p_student_name, p_major);
END //
DELIMITER ;


-- 插入新学生
CALL InsertStudent(3, '王五', '英语');


任务 2:
DELIMITER //
CREATE PROCEDURE InsertCourse(IN p_course_id INT, IN p_course_name
VARCHAR(100), IN p_instructor VARCHAR(50), IN p_credits INT)
BEGIN
    INSERT INTO courses (course_id, course_name, instructor, credits)
    VALUES (p_course_id, p_course_name, p_instructor, p_credits);
```

```
END //
DELIMITER ;
```

-- 插入新课程
```
CALL InsertCourse(3, '英语写作', '赵老师', 3);
```

任务 3:
```
DELMITER //
CREATE  PROCEDURE  EnrollStudent(IN  p_student_id  INT,  IN  p_course_id
INT)
BEGIN
    INSERT INTO enrollments (student_id, course_id)
    VALUES (p_student_id, p_course_id);
END //
DELIMITER ;
```

-- 学生选课
```
CALL EnrollStudent(3, 3);
```

任务 4:
```
DELIMITER //
CREATE  PROCEDURE  UpdateGrade(IN  p_enrollment_id  INT,  IN  p_grade
DECIMAL(5, 2))
BEGIN
    UPDATE enrollments
    SET grade = p_grade
    WHERE enrollment_id = p_enrollment_id;
END //
DELIMITER ;
```

-- 更新成绩
```
CALL UpdateGrade(3, 88.5);
```

任务 5:
```
DELIMITER //
```

```
CREATE PROCEDURE DeleteEnrollment(IN p_enrollment_id INT)
BEGIN
    DELETE FROM enrollments
    WHERE enrollment_id = p_enrollment_id;
END //
DELIMITER ;


-- 删除选课记录
CALL DeleteEnrollment(3);


任务6：
DELIMITER //
CREATE PROCEDURE GetStudentCourses(IN p_student_id INT)
BEGIN
    SELECT c.course_name
    FROM courses c
    JOIN enrollments e ON c.course_id = e.course_id
WHERE e.student_id = p_student_id;
END //
DELIMITER ;


-- 查询学生所选课程
CALL GetStudentCourses(1);


任务7：
DELIMITER //
CREATE PROCEDURE GetCourseStudents(IN p_course_id INT)
BEGIN
    SELECT s.student_name
    FROM students s
    JOIN enrollments e ON s.student_id = e.student_id
WHERE e.course_id = p_course_id;
END //
DELIMITER ;
```

```
-- 查询课程选课学生
CALL GetCourseStudents(1);
```

任务 8：

```
DELIMITER //
CREATE  PROCEDURE  CountCourseEnrollments(IN  p_course_id  INT,  OUT
p_count INT)
BEGIN
    SELECT COUNT(*) INTO p_count
    FROM enrollments
    WHERE course_id = p_course_id;
END //
DELIMITER ;
```

```
-- 统计课程选课人数
SET @count = 0;
CALL CountCourseEnrollments(1, @count);
SELECT @count;
```

任务 9：

```
DELIMITER //
CREATE  PROCEDURE  CalculateStudentAverageGrade(IN  p_student_id  INT,
OUT p_average_grade DECIMAL(5, 2))
BEGIN
    SELECT AVG(grade) INTO p_average_grade
    FROM enrollments
    WHERE student_id = p_student_id;
END //
DELIMITER ;
```

```
-- 计算学生平均成绩
SET @average_grade = 0;
CALL CalculateStudentAverageGrade(1, @average_grade);
SELECT @average_grade;
```

任务 10:

```
DELIMITER //
CREATE PROCEDURE CheckEnrollment(IN p_student_id INT, IN p_course_id
INT, OUT p_is_enrolled BOOLEAN)
BEGIN
    DECLARE enrollment_count INT;
    SELECT COUNT(*) INTO enrollment_count
    FROM enrollments
    WHERE student_id = p_student_id AND course_id = p_course_id;
    IF enrollment_count > 0 THEN
        SET p_is_enrolled = TRUE;
    ELSE
        SET p_is_enrolled = FALSE;
END IF;
END //
DELIMITER ;

-- 判断学生是否选课
SET @is_enrolled = FALSE;
CALL CheckEnrollment(1, 1, @is_enrolled);
SELECT @is_enrolled;
```

二、分析与讨论

①存储过程的优点。

提高性能：存储过程在服务器端编译，执行速度快，减少了客户端与服务器之间的网络传输。

可维护性：将复杂的业务逻辑封装在存储过程中，便于代码的维护和修改。

安全性：可以通过授权用户对存储过程的调用权限而非直接授予表操作权限，提高数据的安全性。

代码复用：可以在不同的应用程序中多次调用同一个存储过程，提高代码的复用性。

②存储过程的缺点。

可移植性差：不同的数据库系统对存储过程的语法和实现方式可能有所不同，导致存储过程的可移植性较差。

调试困难：存储过程的调试相对复杂，尤其是在包含复杂逻辑和嵌套调用的情况下。

增加服务器负担：如果存储过程设计不合理，可能会增加服务器的负担，影响数据库的性能。

附录12　触发器

一、实验步骤

```
-- 创建数据库
CREATE DATABASE student_course_system;
USE student_course_system;

-- 创建学生表
CREATE TABLE students (
    student_id INT PRIMARY KEY AUTO_INCREMENT,
    student_name VARCHAR(50),
    age INT,
    course_count INT DEFAULT 0,
    average_grade DECIMAL(5, 2) DEFAULT 0
);

-- 创建课程表
CREATE TABLE courses (
    course_id INT PRIMARY KEY AUTO_INCREMENT,
    course_name VARCHAR(100),
    credits INT
);

-- 创建选课表
CREATE TABLE enrollments (
    enrollment_id INT PRIMARY KEY AUTO_INCREMENT,
    student_id INT,
    course_id INT,
    grade DECIMAL(5, 2),
    FOREIGN KEY (student_id) REFERENCES students(student_id),
```

```
    FOREIGN KEY (course_id) REFERENCES courses(course_id)
);
-- 创建日志表
CREATE TABLE logs (
    log_id INT PRIMARY KEY AUTO_INCREMENT,
    event_type VARCHAR(20),
    log_message TEXT,
    log_time TIMESTAMP DEFAULT CURRENT_TIMESTAMP
);


-- 任务 1:AFTER INSERT 触发器,更新学生选课数量
DELIMITER //
CREATE TRIGGER update_student_course_count_after_insert
AFTER INSERT ON enrollments
FOR EACH ROW
BEGIN
    UPDATE students
    SET course_count = course_count + 1
    WHERE student_id = NEW.student_id;
END //
DELIMITER ;


-- 任务 2:BEFORE UPDATE 触发器,检查课程学分
DELIMITER //
CREATE TRIGGER check_course_credits_before_update
BEFORE UPDATE ON courses
FOR EACH ROW
BEGIN
    IF NEW.credits <= 0 THEN
        SIGNAL SQLSTATE '45000'
        SET MESSAGE_TEXT = '课程学分必须大于 0';
    END IF;
```

```
END //
DELIMITER ;


--任务 3:创建一个 AFTER DELETE 触发器,当从选课表中删除记录时,自动更新学生表中
的选课数量。
DELIMITER //
CREATE TRIGGER update_student_course_count_after_delete
AFTER DELETE ON enrollments
FOR EACH ROW
BEGIN
    UPDATE students
    SET course_count = course_count - 1
    WHERE student_id = OLD.student_id;
END //
DELIMITER ;


-- 任务 4:BEFORE INSERT 触发器,检查学生是否已选该课程
DELIMITER //
CREATE TRIGGER check_duplicate_enrollment_before_insert
BEFORE INSERT ON enrollments
FOR EACH ROW
BEGIN
    DECLARE count INT;
    SELECT COUNT(*) INTO count
    FROM enrollments
    WHERE student_id = NEW.student_id AND course_id = NEW.course_id;
    IF count > 0 THEN
        SIGNAL SQLSTATE '45000'
        SET MESSAGE_TEXT = '该学生已经选了这门课程';
    END IF;
END //
DELIMITER ;
```

```
-- 任务 5:AFTER UPDATE 触发器,当更新选课表中的成绩时,自动更新学生平均成绩
DELIMITER //
CREATE TRIGGER update_student_average_grade_after_update
AFTER UPDATE ON enrollments
FOR EACH ROW
BEGIN
    DECLARE total_grade DECIMAL(5, 2);
    DECLARE course_count INT;
    SELECT SUM(grade), COUNT(*) INTO total_grade, course_count
    FROM enrollments
    WHERE student_id = NEW.student_id;
    UPDATE students
    SET average_grade = total_grade / course_count
    WHERE student_id = NEW.student_id;
END //
DELIMITER ;


-- 任务 6:BEFORE DELETE 触发器,删除选课表记录
DELIMITER //
CREATE TRIGGER delete_enrollments_before_student_delete
BEFORE DELETE ON students
FOR EACH ROW
BEGIN
    DELETE FROM enrollments
    WHERE student_id = OLD.student_id;
END //
DELIMITER ;


-- 任务 7:AFTER INSERT 触发器,记录选课表插入日志
DELIMITER //
CREATE TRIGGER log_enrollment_insert
AFTER INSERT ON enrollments
FOR EACH ROW
BEGIN
```

```
    INSERT INTO logs (event_type, log_message)
    VALUES ('INSERT', CONCAT('学生 ID: ', NEW.student_id, ' 选了课程
ID: ', NEW.course_id));
END //
DELIMITER ;
```

-- 任务 8:BEFORE UPDATE 触发器,记录学生姓名更新日志
```
DELIMITER //
CREATE TRIGGER log_student_name_update
BEFORE UPDATE ON students
FOR EACH ROW
BEGIN
    INSERT INTO logs (event_type, log_message)
    VALUES ('UPDATE', CONCAT('学生 ID: ', OLD.student_id, ' 原姓名: ',
OLD.student_name, ' 新姓名: ', NEW.student_name));
END //
DELIMITER ;
```

-- 任务 9:AFTER DELETE 触发器,记录课程删除日志
```
DELIMITER //
CREATE TRIGGER log_course_delete
AFTER DELETE ON courses
FOR EACH ROW
BEGIN
    INSERT INTO logs (event_type, log_message)
    VALUES ('DELETE', CONCAT('课程 ID: ', OLD.course_id, ' 课程名称: ',
OLD.course_name, ' 被删除'));
END //
DELIMITER ;
```

-- 任务 10:BEFORE INSERT 触发器,在向学生表插入记录时,检查学生的年龄是否为
15~30 岁,如果不在此范围则阻止插入。
```
DELIMITER //
CREATE TRIGGER check_student_age_before_insert
BEFORE INSERT ON students
```

```
FOR EACH ROW
BEGIN
    IF NEW.age < 15 OR NEW.age > 30 THEN
        SIGNAL SQLSTATE '45000'
        SET MESSAGE_TEXT = '学生年龄必须在 15 - 30 岁之间';
    END IF;
END //
DELIMITER ;

-- 插入测试数据
INSERT INTO students (student_name, age) VALUES ('张三', 20);
INSERT INTO courses (course_name, credits) VALUES ('数据库原理', 3);
INSERT INTO enrollments (student_id, course_id, grade) VALUES (1,
1, 80);

-- 更新课程学分
UPDATE courses SET credits = 4 WHERE course_id = 1;

-- 删除选课记录
DELETE FROM enrollments WHERE enrollment_id = 1;

-- 尝试重复选课
INSERT INTO enrollments (student_id, course_id, grade) VALUES (1,
1, 85);

-- 更新选课成绩
UPDATE enrollments SET grade = 90 WHERE enrollment_id = 1;

-- 删除学生记录
DELETE FROM students WHERE student_id = 1;

-- 查看日志表
SELECT * FROM logs;
```

二、分析与讨论

①触发时机选择：

BEFORE 用于数据校验，AFTER 用于更新关联表。

②虚拟表限制：

AFTER 触发器无法修改 NEW/OLD 表，BEFORE 可以。

附录13　数据库的备份与恢复

一、实验步骤

mysqldump 全量逻辑备份命令示例

```
mysqldump -u root -p student_selection_system > student_selection_
system_full_backup.sql
```

xtrabackup 物理备份命令示例（假设已安装并配置好 xtrabackup）

```
innobackupex --user=root --password=your_password /path/to/backup/
directory
```

二、分析与讨论

①正确选择备份类型和策略：根据数据库的大小、数据更新频率、恢复时间目标（RTO）和恢复点目标（RPO）等因素，合理选择全量、增量或差异备份，并制订合适的备份计划。

②备份恢复的流程。

备份流程：创建备份目录→执行备份命令→验证备份完整性。

恢复流程：停止服务→还原文件→应用日志→重启服务。

参考文献

[1] 王珊, 杜小勇, 陈红. 数据库系统概论[M]. 6 版. 北京: 高等教育出版社, 2023.

[2] 冯天亮, 骆金维. MySQL 数据库项目化教程[M]. 北京: 电子工业出版社, 2018.

[3] 钱雪忠, 宋威. 数据库原理及技术[M]. 2 版. 北京: 清华大学出版社, 2024.

[4] 杜晖, 李纲, 行联合. MySQL 数据库基础[M]. 哈尔滨: 哈尔滨工程大学出版社, 2022.